JN425573

Electrochemical Experiments

전기화학 실험

김기택 지음

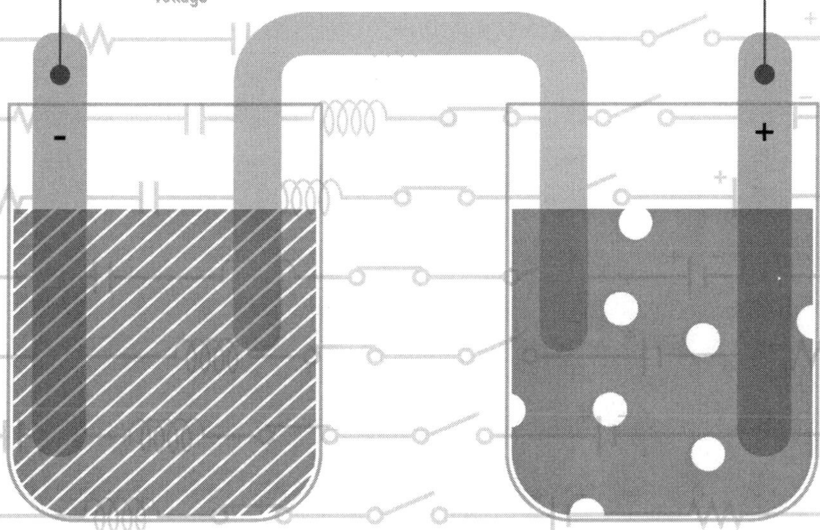

자유아카데미

머리말

이 실험서는 전압과 전류 측정을 바탕으로 한 기본적인 전기화학 분석을 다루고 있다. 전기화학 실험을 처음 접하는 학생들이 쉽게 따라올 수 있도록 실험 순서를 이미지로 설명하였으며, 이론적인 설명도 추가하여 실험과 동시에 이론을 이해할 수 있도록 구성하였다. 실험은 주로 기본적인 내용에 집중하되, 응용 실험으로 전기화학 셀 관점에서 일차 전지, 이차 전지, 전해 전지 등을 다루었다. 이 책을 통해 다양한 실험을 스스로 학습하고, 체득된 경험을 바탕으로 실험을 응용할 수 있는 출발점이 되기를 기대한다.

책의 내용은 대학교 고학년생과 대학원생을 대상으로 하며, 전기화학 실험에 대한 기초 매뉴얼로 기능하도록 구성되었다. 전기화학 실험은 그 범위가 넓고 이론적 수준이 높은 경우가 많기 때문에 초심자가 접근하기 어려운 부분이 있다. 이 책은 기본적인 측정과 전지 조립, 전기분해(수소, 암모니아) 등의 실험을 시작하는 데 필요한 내용을 중심으로 설명함으로써 최대한 학생들의 이해를 돕고자 하였다. 리튬 이차 전지와 슈퍼커패시터 조립 실험은 한층 고급 수준의 응용 실험으로 전문적인 도구와 장비가 필요하지만, 전기화학 실험에 처음 도전하는 대학원생과 연구원들에게 유용한 가이드가 되어, 실력을 향상시키는 발판으로 작용하기를 바란다.

독자들에게 긍정적인 영향을 전달하기 위해 노력하였지만 미흡한 부분이 있을 수 있다. 이 점은 너그럽게 양해해 주기를 부탁드리며, 추후 수정사항이 있을 경우에는 자유아카데미(www.freeaca.com) 자료실을 통해 제공할 예정이니 참고하기 바란다. 앞으로 더 완성도 높은 실험서를 만들기 위해 지속적으로 노력할 것을 약속한다.

끝으로 책을 집필하는 데 있어, 필자의 실험실에서 함께 연구한 학부생 및 대학원생들의 많은 도움이 있었다. 이들에게 깊이 감사드리며, 그들의 노력이 이 책에 담긴 실험의 재현성과 교육적 가치를 높였음을 밝힌다.

2025년 2월

김기택

차례

Part 3 전지

Part 4 그 외 응용

Part

1

평형 상태에서의 전기화학 셀의 전압 측정(전압법)

실험 1 전위차계와 pH 미터

실험 2 수용액의 기준 전극, 비수용액의 기준 전극 및 전위차계를 이용한 측정

실험 3 Ag^{+} 이온을 이용한 할로젠화 음이온의 적정

실험 4 비타민 C의 직접 아이오딘 적정법

전기화학 반응은 전류를 흐르게 하기 위한 2개의 전극이 필요하다. 이때 전자의 이동이 자발적인 경우(갈바니 셀, Galvanic cell), 비자발적인 경우(전해 셀, electrolytic cell)로 나뉘어서 전기화학 셀(electrochemical cell)이 외부로 일을 해 줄 수도 있고, 에너지를 사용해서 비자발적인 일을 수행할 수도 있다. 이와 같이 일을 하는 셀들은 전자의 흐름에 의해서 전기화학 반응에 참여하는 물질의 농도가 변하게 되고, 전류가 흐르는 동안 지속적인 변화가 발생한다. 일을 수행하는 셀은 구성 물질의 농도가 변하고, 농도 변화는 셀의 전압 변화도 일으키므로 동적인 전압 변화가 발생한다. 전기화학 셀의 전압 측정은 아주 신속하게 감지되지 않으므로 농도 변화는 다소의 시차를 두고서 전압에 반영된다. 결과적으로, 농도가 변하는 상태(전류가 흐르는 상태)에서의 전압 측정은 부정확한 농도를 제공할 수 있다. 그러므로, 셀의 구성 물질의 농도를 측정하기 위해서는 평형 상태에 도달한 후 측정하는 것이 바람직하다. 우리가 pH 미터를 사용할 때도, 숫자가 안정화되기까지 기다린 후 측정값을 기록하는 것과 같은 이치이다.

전기화학 반응에 참여하는 물질의 농도를 관찰하는 용도의 전기화학 셀 속에는 통상적으로 전극이 2개가 존재하지만, 3개의 전극을 사용하는 정전위기(potentiostat)의 개방 회로 상태에서도 전압을 측정할 수 있다. 농도를 측정한다는 것은 셀 속의 물질들의 농도가 변하지 않는(전류가 흐르지 않는) 상태이며 이 상태를 유지하기 위해서 두 개의 전극 간에 전류(전자)가 흐르지 않도록 내부 회로에 큰 저항이 설치되어 있다. 이때의 평형은 인공적인 평형 상태이지만, 농도 변화가 정지된 상태에서 전압을 측정하기 위한 조치이다.

평형 상태에서의 전압은 전위차계(또는 pH 미터)를 이용해서 2개의 전극으로 구성된 셀의 전압을 측정할 수 있는데, 이때 측정되는 전압은 2개의 전극에서 얻어지는 상대적인 값이다. 측정되는 전압의 기준값 대비한 절댓값을 얻기 위해서 전위차계에 기준 전극과 (측정에 사용되는) 지시 전극이 필요하다. 지시 전극의 종류로는 반응에 참여하는 금속, 반응과 무관한 금속(백금, 금, 탄소), 이온 선택성 전극이 있다. 지시 전극과 기준 전극에 대해서 알아보자. 2개의 전극으로 구성된 전지(셀)에서 1개의 전극과 그 용액을 반쪽 전지라고 한다.

1 지시 전극

1) 반응에 참여하는 지시 전극

$$Ag^{+} + e^{-} \rightleftharpoons Ag$$

위의 반응에 포함되어 있는 은 금속은 반응생성물이기도 하며, 용액 중에 은 이온을 측정하는 데 사용될 수 있다. 이와 같이 반쪽 반응에 포함된 전극을 지시 전극으로 사용할 수 있다.

2) 반응에 참여하지 않는 지시 전극

금속이 관여하지 않는 전기화학 반응에서는 관찰을 위해 전기화학적으로 안정한 백금을 지시 전극(금속 매개체)으로 사용할 수 있다.

$$Fe^{3+} + e^{-} \rightleftharpoons Fe^{2+}$$

3) 특정 이온에 감응하는 선택성 전극

수소 이온을 측정하는 pH 전극이 대표적이며, 다양한 이온들을 측정할 수 있는 이온 선택성 전극이 있다.

2 기준 전극

기준 전극은 지시 전극의 전압을 확인하기 위해 기준이 되는 전극을 의미하며, 가장 우선이 되는 전극은 표준 수소 전극(standard hydrogen electrode, S.H.E)이다.

1) 표준 수소 전극

표준 수소 전극의 반쪽 전지의 반응식은 식 (1-1)과 같다.

$$H^{+}(aq, A = 1) + e^{-} \rightleftharpoons \tfrac{1}{2} H_2(g, 1\ bar) \quad E^{\circ} = 0.000\ V \tag{1-1}$$

위의 반쪽 반응에 참여하는 금속이 없으므로 백금을 전극으로 사용한다. H^{+} 이온 용액 1 M(또는 활동도가 1 M이 되는 용액)을 준비하고 백금 전극에 압력이 1 bar인 수소 기체를 공급한다. 이때 표준 상태는 용액의 농도와 기체의 압력이 1 M 및 1 bar인 상태이며 온도는 25 °C일 때이다. 농도는 활동도로 표기되어야 하지만, 실제 실험에서는 몰농도로 사용한 뒤에 몰농도를 사용했음을 표기하기도 한다. 표준 수소 전극은 전압 측정의 기준 전극이므로, 이 전극의 전극 전압을 0 V로 한다.

2) Ag/AgCl 전극

표준 수소 전극은 0 V의 기준 전압을 제공하지만, 전극이 기체와 함께 설치되어야 하므로 간편한 측정을 하고자 하는 실험자에게는 사용이 불편하다. 이와 같은 불편한 점을 회피하면서 기준 전극의 기능을 충실히 수행하는 전극 중 하나가 Ag/AgCl 전극이다. Ag/AgCl 기준 전극은 AgCl이 코팅된 Ag와 Cl^- 이온 용액을 사용하기 때문에 소형으로도 제작할 수 있어서 쉽게 사용할 수 있고 휴대하기도 편하다. 전극 용액으로 KCl 수용액이 사용되어 식 (1-2)와 같이 표준 상태일 때 와 포화 KCl을 사용할 때의 환원 전위가 표기되어 있는데, 포화 KCl을 사용할 때는 사용 중에 내부 용액 농도의 변동도 적고 기준 전극과 측정 용액간의 계면 전압(Junction potential)이 적어서 다양한 측정을 실시할 때, 기준 전극으로서의 낮은 편차를 제공한다.

$$AgCl(s) + e^- \rightleftharpoons Ag(s) + Cl^- \qquad E^o = 0.222\ V \qquad (1\text{-}2)$$

$$E(\text{포화 KCl}) = 0.197\ V$$

Ag/AgCl 전극은 S.H.E 대비하여 0.197 V만큼의 양의 값을 가진다.

3) 칼로멜 전극, Hg/HgO 전극, 유사 기준 전극

$$\tfrac{1}{2}\,Hg_2Cl_2(s) + e^- \rightleftharpoons Hg(l) + Cl^- \qquad E^o = 0.268\ V \qquad (1\text{-}3)$$

$$E(\text{포화 KCl}) = 0.241\ V$$

칼로멜 전극은 Ag/AgCl 전극과 유사하며 다양한 수용액에서의 측정에 사용된다. 그 외에 다수의 기준 전극이 사용되는데, 높은 pH에서는 Hg/HgO 기준 전극이 사용된다. Ag/AgCl과 칼로멜 전극은 S.H.E를 기준으로 하여 만들어져서 기본적으로 수용액의 측정에만 사용된다. 물이 아닌 용매(예, 아세토나이트릴, DMF, DMSO)에서 전기화학적 측정을 하는 경우는 이런 기준 전극을 사용할 수 없으며 기준 전극의 내부 용액에 측정하는 용매를 사용해야 한다. 이런 경우는 사용하는 용액마다 특성이 다르므로 기준을 설정하기 어려운 문제가 있다. 그렇지만, 사용하는 용액 속에서라도 일정한 기준값을 설정하기 위해서 유사 기준 전극(pseudo reference electrode)을 사용한다.

3 반쪽 반응에 대한 Nernst 식

1개 전극에서의 반응(반쪽 반응)이 다음과 같을 때,

$$aA + ne^{-} \rightleftharpoons bB$$

반쪽 전지의 전위 E를 나타내는 Nernst 식은 다음과 같다.

$$E = E^{o} - \frac{RT}{nF}\ln\frac{A_B^b}{A_A^a} \tag{1-4}$$

E^o = 표준 환원 전위(평형 상태에서 농도(활동도)가 1 M인 경우 $A_A = A_B = 1$)

R = 기체 상수(8.314 J/(K · mol) = 8.314 (V · C)/(K · mol)

n = 반쪽 반응식의 전자 수

F = Faraday 상수(9.6485×10^4 C/mol)

A_i = 화학종 i의 활동도

평형 상태에서 Nernst 식의 예측된 전압과 다를 경우, 이온 세기를 구한 후 활동도 계수를 이용해 활동도(activity)를 구하여 전압 예측치를 수정 보완할 수 있으나, 통상적으로는 몰농도를 사용해서 계산해 볼 수 있다.

Nernst의 로그항은 반응 지수(Q)라고 하고, $Q = \frac{A_B^b}{A_A^a}$ 이다. 위의 Nernst 식은 평형일 때 만족하는 식이지만, Q는 평형 상태의 농도를 지칭하는 것은 아니고 일반적인 표현이다. 평형일 때는 $Q = K$가 되며 위의 관계식으로부터 반쪽 전위에 포함된 표준 환원 전위 값으로부터 평형 상수를 구할 수 있다. 다음의 식은 식 (1-4)를 25 °C일 때의 형태로 바꾸면서 상용로그 형태로 변환한 식이다.

지시 전극의 전위는

$$E = E^{\circ} - \frac{0.05916\ V}{n}\log\frac{A_B^{\,b}}{A_A^{\,a}} \tag{1-5}$$

식 (1-5)를 이용한 전위차계(또는 pH 미터)를 이용해서 반쪽 반응에 참여하는 물질들의 농도 또는 농도비를 알 수 있다.

$$H^+ + e^- \rightleftharpoons ½\ H_2(g) \tag{1-6}$$

수소 이온의 환원 반응을 기준으로 하여 물질(이온 포함)들의 환원하려는 경향성을 표준 상태에서 표기한 것을 표준 환원 전위라고 하며, 수소 이온의 표준 환원 전위가 0 V이다. 환원 전위가 커질수록 상대적으로 환원이 쉽고, 환원 전위가 낮을수록 환원보다는 산화가 되기 쉬운 경향이 있다. 전위값은 열역학적인 경향성을 제공하는데, 실제 반응(반응 속도)은 반응의 활성화 에너지에도 의존하므로 측정해서 확인해 보아야 한다. 산화와 환원은 상대적인 반응이므로 1쌍의 물질 간의 환원 전위를 비교할 때, 환원과 산화의 가능성을 확인할 수 있다.

수소 이온의 환원 반응(반쪽 반응)을 Nernst 식으로 표현하면(활동도 계수를 생략하고 몰농도로 표기한다) 식 (1-7)과 같다. S.H.E를 기준값으로 상대적 환원 전위를 표기하는 것이지만, 실제 측정에서는 앞에서 설명한 Ag/AgCl 또는 칼로멜 전극으로 측정하여 S.H.E 기준값으로 환산할 수 있다. 기준 전극이 아닌 측정 대상 용액에서의 수소 기체의 농도(압력)는 표준 상태와 많이 다르기도 하고 아주 미미하여 표기하기 어렵지만, 식 (1-7)의 상수에 포함되어 pH 전극을 교정할 때 반영된다.

기준 전극의 전위는

$$E = E^{\circ} - \frac{0.05916\ V}{1}\log\frac{P_{H_2}^{1/2}}{[H^+]} = E^{\circ} - \text{상수 pH} \tag{1-7}$$

전위차계를 이용해서 측정하는 전위는 E(지시 전극)$-E$(기준 전극) 값이다. 앞에서 설명한 기준 전극을 사용하여 지시 전극에서 감응하는 물질의 농도를 측정해 보자.

실험 1 전위차계와 pH 미터

1 이론

2개의 반쪽 전지로 구성된 전기화학 셀의 전압(기전력)을 측정하기 위해서 전위차계를 이용하여 측정한다. 실험실에서 쉽게 접할 수 있는 전위차계는 pH 미터이다. pH 미터는 전위차계로서 pH를 표기하기 위해서 제작된 기기이며, pH뿐만 아니라 전위를 표기하는 기능도 있으므로 pH 미터에 연결된 케이블을 조금 개조하면 전위차계로 사용할 수 있다. 전위를 측정하기 위해서 기준 전극(기준이 되는 반쪽 전지)을 전위차계의 (−)단자에 연결하고, 지시 전극이 포함된 반쪽 전지를 (+)단자에 연결하여 지시 전극이 감응하는 이온들의 농도를 측정할 수 있다.

그림 1-1은 전압을 측정할 수 있는 기능을 가진 2개의 장비의 예이다. 멀티미터는 전기 작업을 하거나 간단한 측정을 할 때 사용되며, 전압, 전류, 저항 등을 측정하는 편리한 도구이다. pH 미터도 전압을 측정할 수 있다는 면에서는 동일하다. 실제로 동일한 전극으로 구성된 셀 전압을 측정해보면 거의 유사한 값을 제공하므로 간단한 측정과 값을 확인하는 경우에는 멀티미터도 같은 역할을 할 수 있다. 다만 pH 미터는 측정하는

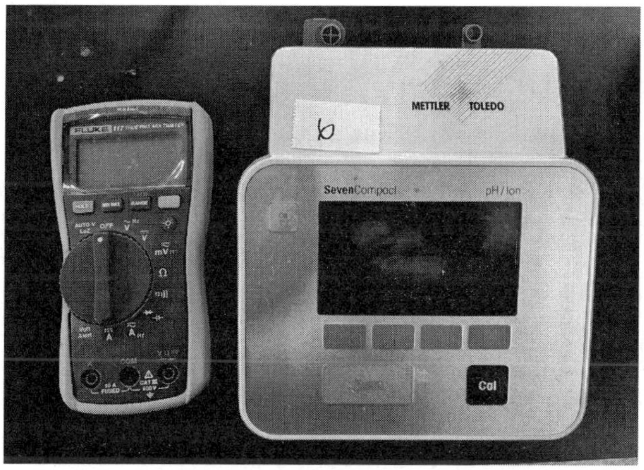

그림 1-1 멀티미터와 pH 미터.

그림 1-2 pH 미터의 단자.

2개의 전극 사이에 전류를 극히 제한하여 전류에 의한 평형 상태의 교란의 수준이 제한되지만, 멀티미터는 전류의 통제에 대한 수준이 높지 않으므로 정확한 전압 측정과 이에 따른 농도의 계산에서 합당하지 않다.

pH 미터의 후면에는 기기의 사용과 측정에 필요한 전원 케이블, 데이터 케이블, 측정용 케이블을 연결하는 단자들이 있다. 컴퓨터와 연결하는 케이블도 있지만, 구형 장비에는 이런 케이블이 없는 경우도 있다. 기본적으로 그림 1-2와 같이 전원, 기준 전극, 지시 전극(pH 전극)의 단자가 있다. 기준 전극의 단자가 있는 경우라면 기준 전극을 pin을 이용해서 연결한 후, 지시 전극은 그림의 화살표와 같이 내부 원통의 중심에 pin을 연결하면 2개의 전극을 이용할 수 있다.

어떤 장비에는 기준 전극의 단자가 없기도 하다. 지시 전극을 연결하는 커넥터를 BNC 커넥터라고 하는데, BNC 커넥터에서는 2개의 전극을 연결할 수 있도록 속에 있는 중심부와 외부 원통형 부위를 각각 지시 전극과 기준 전극에 연결하여 사용할 수 있다.

BNC 케이블의 단자(커넥터)를 장비 후면의 단자와 체결한 후 케이블을 잘라서 피복을 벗기면 케이블 중심에 단일 구리선이 있고 구리선은 절연 소재로 보호되어 있으며, 절연 소재 외부에 또 다른 구리망이 있다. 중심부와 외곽의 구리선들을 그림 1-3에 표기하였고, 이들을 각각 지시 전극과 기준 전극에 연결하면 측정할 준비가 된다.

그림 1-4는 pH 미터를 이용하여 전압 측정(전압법)을 보여 주는 예로 2개의 반쪽 전지를 염다리(salt bridge)를 통해서 연결한 완전지(full cell)이다. 그림은 다니엘 셀과 유

사하게 Zn 금속, $Zn(NO_3)_2$, Cu 금속, $Cu(NO_3)_2$를 사용한 셀이다. 염다리는 한천과 KNO_3를 사용한 포화 젤 용액을 채워 넣어 제작하였다. 염다리는 KCl를 사용하여 제작하는 것이 원칙이지만, 사용된 용액들이 음이온으로 NO_3^-에 Cu^{2+}, Zn^{2+}를 포함한 용액이므로 공통 음이온을 사용하기 위해 KNO_3를 사용하였다. 다니엘 셀과 염다리를 만드

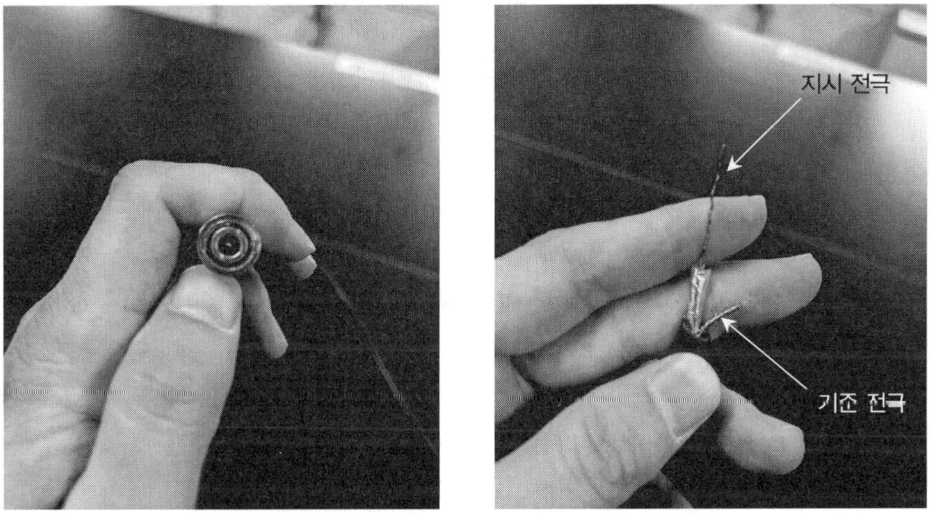

그림 1-3 BNC 케이블의 연결 단자(좌)와 절단면(우).

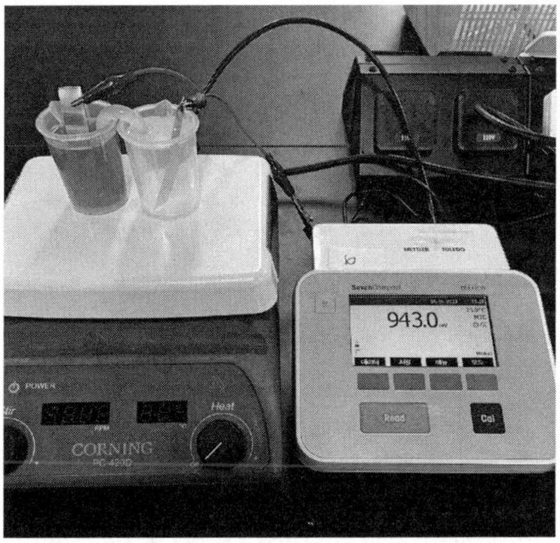

그림 1-4 완전지의 전압 측정. 왼쪽 반전지: Cu 금속, $Cu(NO_3)_2$ 용액. 오른쪽 반전지: Zn 금속, $Zn(NO_3)_2$ 용액.

는 실험은 이 실험책의 뒷 부분에 설명할 것이다. 전압 측정 시 염다리를 제거하고 측정하면 전압이 0이 되는 것을 확인할 수 있어서, 염다리의 필요성을 쉽게 확인할 수 있다.

2 기구 및 시약

증류수, 구리 포일, 아연 포일, $Zn(NO_3)_2$, $Cu(NO_3)_2$, 한천, 증류수, U자 유리관(또는 플라스틱관), KNO_3, BNC 케이블, 케이블 피복 제거 도구, 악어클립, 작업 장갑.

3 실험 과정

① BNC 케이블을 그림 1-3과 같이 피복을 벗기고, 그림 1-2의 지시 전극의 단자에 체결한다. 피복을 벗길 때는 장갑을 착용하고 니퍼나 롱노즈 플라이어 같은 작업 도구를 사용한다.

② 금속 포일들을 비커보다 조금 길게 자른 후, 사포로 금속 표면을 연마하여 표면에 존재할 수 있는 불순물(유분, 금속 산화물 등)을 제거한다.

③ 0.1 M $Zn(NO_3)_2$와 0.1 M $Cu(NO_3)_2$ 수용액을 준비한다.

④ 포화 KNO_3 용액을 만든다. 소량의 증류수에 KNO_3가 용해되지 않을 때까지 투여하면 상층부의 용액이 포화 용액이 된다.

⑤ 포화 KNO_3 용액 100 mL에 한천 2 g을 사용하여 교반하면, 반투명한 젤이 형성된다. 이 젤을 U자관에 주입한다.

⑥ 포화 KNO_3가 포함된 젤을 굳히기 위해 냉동고에 10~20분 정도 넣어두면 U자관을 뒤집어도 젤이 쏟아지지 않는다.

⑦ 그림 1-4와 같이 각 반전지 비커에 용액을 담고 금속 포일을 담근다. 구리는 구리 용액에, 아연은 아연 용액에 담근다. 두 개의 비커를 U자관(염다리)으로 연결한다.

⑧ 기준 전극 단자는 Zn 금속에, 작업 전극 단자는 Cu 금속에 악어클립으로 연결한다.

4 실험 결과 및 토의

① 각 반전지의 표준 환원 전위 값을 찾아보고, 측정된 값과 어떻게 다른지를 비교하고 토의한다.

② 단자를 바꾸어 연결하면 (−) 부호의 값이 얻어질 것이다. 이때 완전지를 구성하는 (+)전극과 (−)전극의 어떻게 달라지는지를 토의한다.

③ 완전지의 전압을 측정한 후, 염다리를 제거한 후 전위차계의 수치가 어떻게 달라지는지를 관찰한다.

④ 동일한 실험을 1.0 M $Cu(NO_3)_2$, 0.1 M $Zn(NO_3)_2$를 이용해서 측정한다.

실험 2

수용액의 기준 전극, 비수용액의 기준 전극 및 전위차계를 이용한 측정

실험 2-1. Ag/AgCl 기준 전극

1 이론

실험 1에서는 전위차계를 이용하여 전지의 전위를 측정하는 실험을 하였다. 전위차계의 (−)단자에 연결되어 있는 반쪽 전지의 전극 전압 대비 (+)단자에 연결된 반쪽 전지의 전압을 측정하는 것이다. 실험 1에서 설명한 바 있는 Ag/AgCl 기준 전극을 제작하고 아울러 이중 접촉 기준 전극(double-junction reference electrode)도 만들어 보고자 한다. 기준 전극에 해당하는 Ag/AgCl 기준 전극도 하나의 반쪽 전지에 해당한다. 그림 1-4에서처럼 반쪽 전지를 비커와 염다리로 제작할 수도 있으며, 전극 형태로도 제작할 수 있다.

Ag/AgCl 전극은 Ag 금속 표면에 AgCl이 도포된 형태이다. Ag/AgCl 전극의 제작 방법은 Ag 금속에 AgCl 반죽을 씌워서 말리면 Ag/AgCl 전극이 되는데, 이때, 반죽이 Ag 금속에 코팅이 될 수 있도록 AgCl 반죽에 접착제(binder)를 혼합하면 금속에 AgCl 도포층을 만들 수 있다. 또 하나의 방법은 Ag 금속의 전기화학적 산화를 통해서 제작할 수 있다.

$$AgCl(s) + e^- \rightleftharpoons Ag(s) + Cl^- \qquad E^\circ = 0.222\ V \tag{1-8}$$

$$Fe^{3+} + e^- \rightleftharpoons Fe^{2+} \quad \text{in 1 M HCl} \qquad E^\circ = 0.732\ V \tag{1-9}$$

위의 두 환원식에 의하면 Fe^{3+} 용액 속에 Ag 선을 넣으면 이론적으로 Fe^{3+}는 Fe^{2+}가 되고 Ag 금속은 전자를 잃어서 Ag^+ 이온이 된다. 철(III) 이온이 1 M HCl 바탕 용액 속에 있다면, 다량 존재하는 염소 이온이 은 선으로부터 흘러나오는 Ag^+ 이온과 결합하여 AgCl이 발생하는데, 이 반응은 은선 표면에서 발생하므로 AgCl이 은선에 석출되어 Ag/AgCl 전극이 만들어진다. 다만 AgCl이 침전할 때 Fe(II), Fe(III)도 미량 공침할 수 있는데, $FeCl_2$와 $FeCl_3$는 용해도가 높은 편이므로 공침의 수준은 미미할 것이다.

2 기구 및 시약

증류수, KCl, $FeCl_3$, HCl, 100 mL 비커 2개, 사포, Vycor 유리막(또는 다공성 유리막)이 부착된 유리관(그림 1-5 참조).

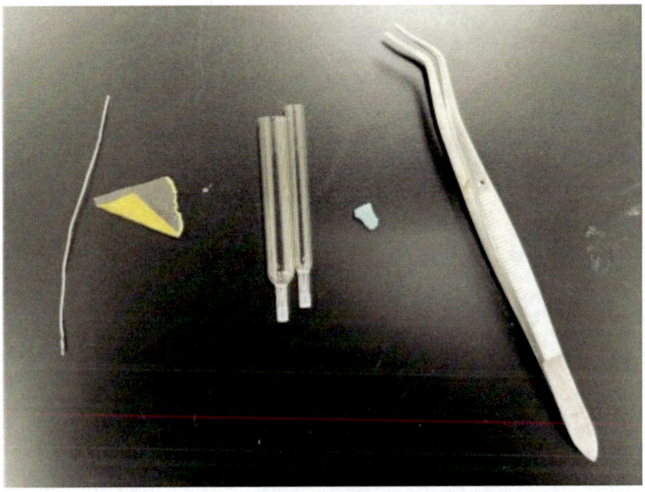

그림 1-5 전극 제작에 필요한 준비물. 은선, 사포, 다공성 유리막이 부착된 유리관, 고무마개.

3 실험 과정

① 두께 1 mm 은선을 10 cm 길이로 자른 후, 사포로 연마한다.

② 은선을 3 M HNO_3 용액에 잠깐 담가 불순물을 제거하고, 증류수로 세척한다.

③ 0.25 M $FeCl_3$ + 0.2 M HCl 수용액을 100 mL 준비한다.

④ 은선을 3번 용액에 10분 정도 담근다.

⑤ 용액과 접촉한 은선의 색이 검게 변한 것을 관찰한다(그림 1-6).

⑥ 그림 1-7과 같이 AgCl이 도포된 Ag 선(Ag/AgCl)이 고무마개에 통과되도록 바늘 또는 철사로 구멍을 내고 유리관에 고무마개 + Ag/AgCl선을 설치한다. 이때 유리관에는 실험에 필요한 농도의 KCl 용액을 주입한다(예, 1 M KCl 또는 포화 KCl 용액). 사용하고 있는 유리관의 내부 부피는 2 mL 내외 정도 되는데 필요에 따라 유리관의 크기는 다양한 것을 고를 수 있다.

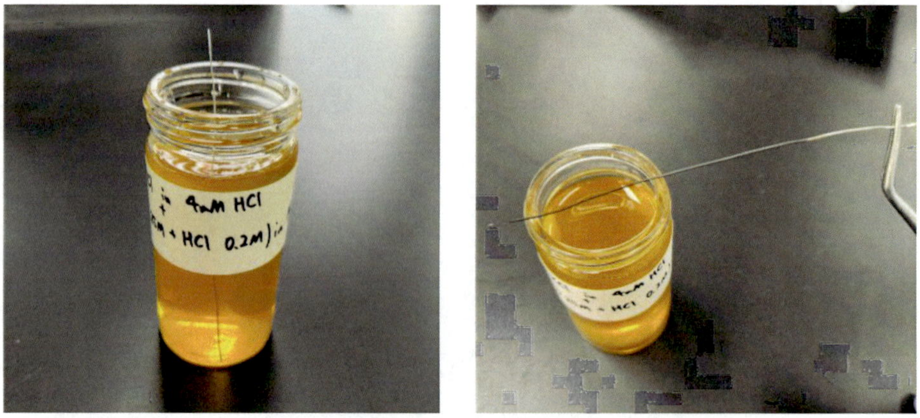

그림 1-6 Fe^{3+}용액으로 AgCl이 도포된 Ag 전극제작.

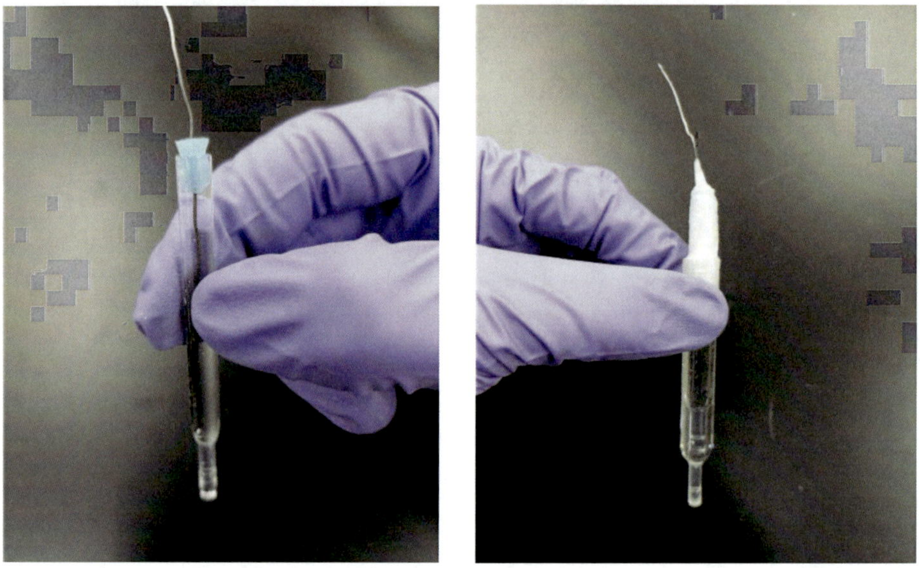

그림 1-7 Ag/AgCl 기준 전극 조립. Ag/AgCl전극(좌)과 이중 접촉 기준 전극(우).

내부 용액으로 포화 KCl 용액을 사용해야 한다면, 50 mL 비커에 증류수 10 mL 정도 담고, 여기에 KCl을 충분히 넣어서 KCl이 용해하지 않을 정도가 되도록 만든다. 포화 KCl 용액 상태를 유지하기 위해, 유리관에 포화 용액과 함께 용해되지 않은 KCl 입자들도 함께 넣어서 상당 기간 사용하더라도 포화 상태가 유지되게 한다.

전기화학적으로 코팅된 AgCl층은 전극의 사용 시간이 길어질수록 탈리하게 된다. 그렇게 되면 동일한 방법으로 다시 코팅하여 사용할 수도 있고 다음의 방법으로 물리적 코팅을 할 수 있다.

물리적인 코팅 방법

AgCl : 카본블랙 : PVdF = 0.8g : 0.1g : 0.1g 무게비로 혼합한 후 막자사발로 분쇄하면서 혼합한다. 1-Methyl-2-pyrrolidinone(NMP) 용매 3 mL를 넣고 교반기로 3분간 혼합하여 균일한 슬러리를 얻는다. 슬러리를 은선에 바르고 80 °C에서 10분간 건조한다. 건조된 전극에 또다시 슬러리를 바르고 건조하는 과정을 2번 더 반복한다. 그림 1-8은 물리적 코팅과 전기화학적 코팅이 된 Ag/AgCl 전극의 비교이다. 전기화학적 코팅은 Ag^+ 이온이 발생되고 AgCl 코팅이 되면 더 이상 코팅층의 두께가 증가하지 않는다. 얇은 코팅층은 사용 중에 소실되기 쉬워서 기준 전극의 기능을 상실하게 된다. 그림 1-8과 같이 물리적 코팅을 하면 코팅두께는 훨씬 두껍게 할 수 있으며, 내구성도 좋아져서 오랫동안 기준 전극으로 사용할 수 있다.

⑦ 이중 접촉 기준 전극을 제작한다. 그림 1-7 좌편의 기준 전극을 사용하는데, 간혹 문제기 발생할 경우가 있다. 특히 분석 대상 용액에 할라이드 이온이나 Ag^+ 이온이 있을 경우, 기준 전극으로부터 새어 나오는 할라이드 용액이 분석 대상 속의 할라이드 이온 농도를 증가시키거나 Ag^+ 이온 농도를 감소시켜서 분석을 어렵게 할 수 있다. 할라이드 이온이 새어 나와서 분석 용액과 직접 접촉을 하는 것을 막기 위해서 기존의 기준 전극보다 직경이 큰 튜브를 하나 씌워준다(그림 1-7 우). 직경이 큰 튜브의

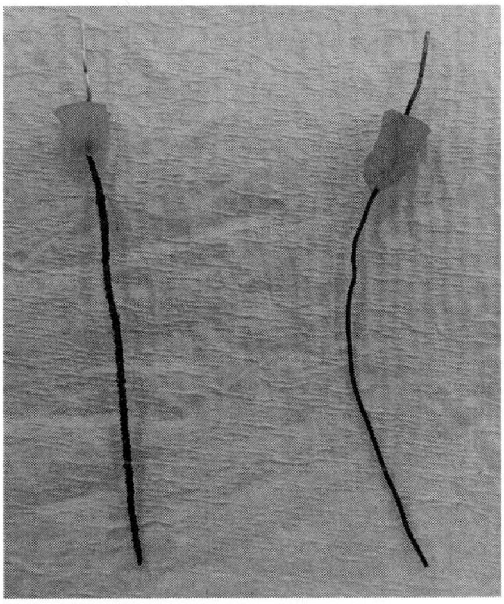

그림 1-8 물리적(좌) 코팅과 전기화학적(우) 코팅 처리된 Ag/AgCl 전극.

내부 용액으로는 반응을 하지 않는 KNO_3 용액을 사용한다. 농도는 필요에 따라 1~4 M 용액을 사용한다.

4 실험 결과 및 토의

① 제작한 Ag/AgCl 기준 전극과 구매한 Ag/AgCl 기준 전극을 전위차계에 연결하여 전압을 측정한다. 구매한 전극을 기준으로 삼기 위해 그림 1-3의 케이블의 기준 전극 선에 연결하고 제작한 전극을 지시 전극 선에 연결하여 전위차계로 그 차이를 비교한다. 전압 차이가 1 mV 미만인 경우는 동일하다고 판단한다. 전압 차이가 발생하는 경우는 코팅한 반죽이 균일하지 않거나, 도전재로 사용한 카본블랙이 충분하지 않아서 그렇게 될 수 있다.

② 비교하는 전극의 내부 용액을 각각 포화 KCl 용액, 1 M KCl로 준비하여 두 개의 전극에 동일한 용액을 주입한 후 측정하고 또는 서로 상이한 용액을 주입 후 측정하여 그 차이점을 Nernst 식으로 토의한다.

전극의 관리 중 유의 사항

pH 미터나 기준 전극을 사용할 때, 사용이 종료되면 전극을 비커에 넣고 증류수 속에 담가두면 전극이 마르지 않아서 사용하기에 좋다. 이때 전극의 팁이 파손되는 것을 막기 위해서 비커에 고무마개를 씌우고 고무마개에 구멍을 뚫고 전극을 고정시켜 두면 전극팁이 바닥에 닿지 않게 되어 보호하기 쉽다. 비커에 사용하는 용액은 기준 전극의 내부 용액을 사용하면 더 좋으나, 그것이 여의치 않으면 증류수를 사용한다.

가끔 전극의 내부 용액이 모두 소실되어 내부에 용액이 없는 경우가 있다. 이때는 전극을 버리지 말고, 내부 용액을 제조하여(구매할 수도 있음) 다시 채워 놓고 전극이 안정화(마른 전극이 충분히 젖어서 안정된 전압을 유지함)되도록 기다린 다음 다시 사용하면 된다. 오늘 전극 용액을 채워 놓고 용액이 담기 비커에 넣어둔 뒤 내일 사용하면 충분하다.

실험 2-2. Ag/Ag^+ 비수용액용 기준 전극

1 이론

표준 수소 전극의 전위를 기준으로 하는 수용액과 달리, 실험하고자 하는 용액이 수용액이 아닌 경우는 교과서에서 알려진 표준 환원 전위와 Nernst 식 등의 이론적 접근을 위한 데이터를 비교하여 사용하기 어렵다. 이런 비수용액인 경우는 수용액에서 사용했던 전극과 유사한 모양을 가지고 있지만, 전극 내부 용액을 수용액이 아닌 실제 실험에 사용하는 용액과 동일하게 하는 것이 좋다. 예를 들어서 아이소프로판올 용액을 이용해서 측정하려고 하면 기준 전극 내부 용액의 용매도 동일하게 하는 식이다. Ag/Ag^+ 기준 전극은 유기 용매를 사용해서 쉽게 접근할 수 있는 전극이며 만드는 방법은 Ag/AgCl 전극과 비슷하다. 다만 AgCl이 코팅된 은선 대신에 코팅이 없는 은선을 사용하고, 내부 용액이 수용액이 아닌 성분이 포함되어 있다.

2 기구 및 시약

은선, 부피플라스크, $AgNO_3$, tetrabutylammonium perchlorate(TBAP), Acetonitrile (AN), Vycor 유리막(또는 다공성 유리막)이 부착된 유리관, 실리콘 고무, 구매한 Ag/AgCl 기준 전극.

3 실험 과정

다공성 유리막이 부착된 유리관은 실험 2-1과 동일하다. 다공성 유리막은 여러 종류가 사용될 수 있으므로 필요에 따라 선택한다. 용매(AN)를 이용하여 0.01 M $AgNO_3$, 0.1 M TBAP 10 mL를 준비한다. 유리관에 용액을 주입하고 은선을 넣고 고무마개로 닫는다. 용액에 사용하는 TBAP 대신에 실험에 사용하는지지 전해질과 동일한 염을 사용해도 무방하다. 다만, 실험에 다양한 전해염을 사용한다고 할 때는 실험에 사용하지 않는 염을 사용하는 것이 더 독립적인 값을 제공하기도 한다. 그림 1-9는 조립된 Ag/Ag^+ 기준 전극의 사진이다.

다양한 유기 용매와 전해염을 사용할 환경이 발생할 수 있다. 기준 전극에 사용되는

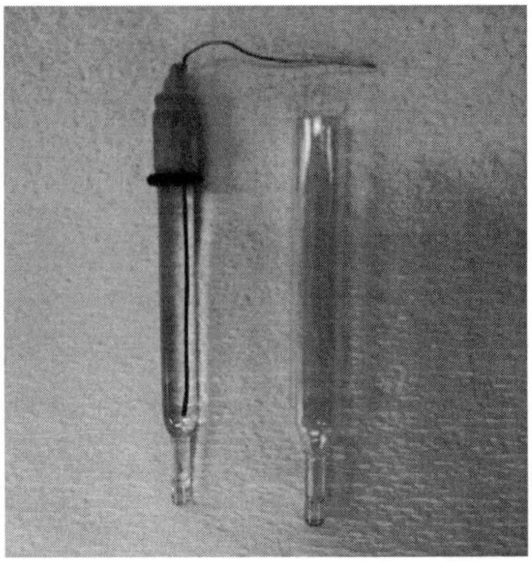

그림 1-9 Ag/Ag$^+$ 전극. 여기서 기준 전극은 Vycor 멤브레인을 사용한 것이다.
필요에 따라 세라믹 재질 등 다양한 전극팁으로 사용할 수 있다.

용매와 전해염을 얼마든지 바꿀 수 있다. 이런 경우에도 셀과 기준 전극의 용매는 동일하게 하는 것이 바람직하다. 다공성 유리막이 기준 전극 용액과 셀 용액의 섞임을 지연해 주며, 느린 속도이긴 해도 섞임에 의해 기준에 영향을 주기도 하므로, 긴 시간 측정했다면 내부 용액을 교환하여 기준값의 일관성을 유지한다. 셀 전해액과 기준 전극의 전해액이 동일한 것이 바람직하지만, 여러 가지 용액을 측정해야 할 경우도 발생한다. 셀과 기준 전극의 용액을 동일하게 할 수 없다면 기준 전극의 용액을 여러 가지의 셀 전해액과 중복되지 않게 하는 것이 기준을 유지하는 방법이 될 것이다.

전극 사용 시 주의사항

다른 기준 전극도 마찬가지이지만, 기준 전극의 내부 용액은 멤브레인을 통해서 나가기도 하고 또는 밖에서 안으로 다른 용액이 들어오기도 한다. 외부 용액이 색깔이 있는 경우라면 용액의 섞임 과정을 쉽게 관찰할 수 있다. 통상적으로 하루 종일 측정을 하였다면, 다음날은 내부 용액을 교환하는 것이 좋다.

4 실험 결과 및 토의

① 전극 내부에 외부 용액이 들어와서 용액이 섞이게 되면 어떤 문제가 발생하는가?

실험 2-3. Ferrocene 용액 기준 전극

1 이론

실험 2-2에서 사용된 전극만으로는 합당한 기준을 제공하지 못할 때, Ag/Ag^{+} 전극을 사용함과 동시에 전기 화학 반응 속도가 빠른 물질을 측정 환경과 동일한 환경에 용액 상태로 넣고 이때의 산화와 환원 봉우리 전압의 평균값을 기준 전압으로 사용할 수 있다. 예를 들면, bis(cyclopentadienyl) cobalt(III) hexafluorophosphate($CoPF_6$)가 아세토나이트릴 용액에서 환원되어 코발트가 +3가에서 +2가로 되고 다시 +3가로 되는 반응을 순환 전압 전류법으로 확인하는 실험이다. 환원 반응을 그림으로 표현하면 다음과 같다.

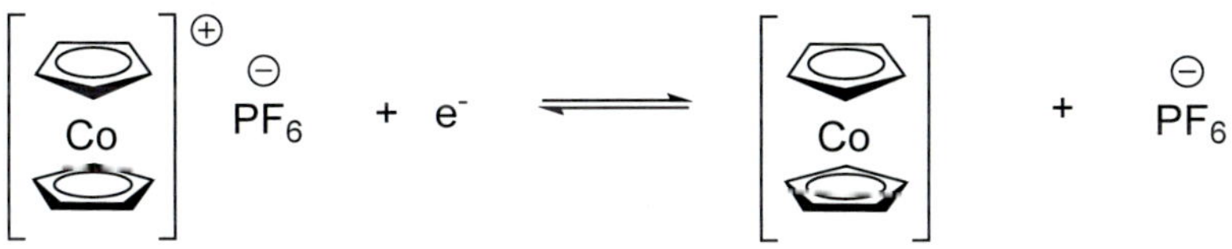

그림 1-10 $CoPF_6$의 환원 및 산화 반응.

사용된 전해질은 1 M tetraethylammonium tetrafluoroborate(TEA BF_4)이다. 그림 1-11은 $CoPF_6$가 환원을 시작으로 산화되는 반응을 관찰한 실험이다. 본 실험을 위해서 기준 전

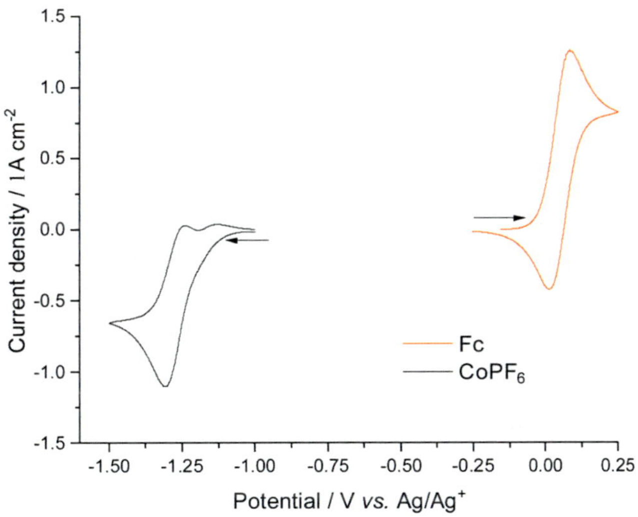

그림 1-11 Ferrocene 기준 전극(물질).

극은 Ag/Ag^+가 사용되었지만, Ferrocene(Fc)을 동일한 전해질을 이용해서 측정하여 산화 및 환원을 측정할 수 있다. 반응 속도가 빠른 ferrocene은 가역적인 산화와 환원 형태를 보여 주며 ferrocene의 산화와 환원 전위의 평균값이 기준 전위로 사용될 수 있다.

2 기구 및 시약

Ag/Ag^+ 기준 전극(실험 2-2에서 제작), $CoPF_6$, Fc, Acetonitrile (AN), $AgNO_3$, TEA BF_4.

3 실험 과정

① 각각 10 mM $CoPF_6$와 Fc의 용액을 준비하며 용액들의지지 전해질은 1 M TEA BF_4이다. 각 용액의 부피는 50 mL이다.

② 작업 전극 직경 2 mm Pt disc, 보조 전극 Pt wire, 기준 전극 Ag/Ag^+ 전극을 사용한다. 개방 회로 전압에서 시작하여 주사 속도 10 mV/s로 주사한다.

③ $CoPF_6$ 용액은 −1.00 V에서 시작하여 −1.50 V 주사하고 방향을 바꾸어 −1.00 V까지 주사하고 종료한다. 시작 전압(개방 회로 전압)은 조금 다를 수도 있다.

④ Fc은 −0.10 V에서 시작하여 0.25 V 사이를 1회 왕복하는 주사를 실시한다.

⑤ 실험(그림 1-10)에서 얻은 봉우리 전위값을 정리한다(표 1-1).

Ferrocene에서 얻어진 전압을 기준으로 하기 위해서 Fc의 산화와 환원의 평균 전압(형식 전위, formal potential)을 표에 표기하였다. Fc의 형식 전위를 기준으로 $CoPF_6$의 봉우리 전위를 표기하면 표 1-2와 같다.

표 1-1 봉우리 전위. 그림 1-10의 데이터를 표기

물질	E_{pc}	$(E_{pc}+E_{pa})/2$	E_{pa}
Fc	0.0134	0.0474	0.0814
$CoPF_6$	−1.309	−1.278	−1.247

환원 및 산화 봉우리 전위를 각각 E_{pc}, E_{pa}로 표기함.

표 1-2 Fc을 기준으로 표기한 봉우리 전위.

물질	E_{pc} *vs.* Fc	$(E_{pc}+E_{pa})/2$ *vs.* Fc	E_{pa} *vs.* Fc
$CoPF_6$	−1.356	−1.325	−1.294

⑥ 동일한 전해액(1 M TEA BF_4)을 사용하는 다른 활물질(active material, 산화 환원이 가능한 물질)의 전압을 Fc을 기준으로 표 1-2처럼 표기할 수 있다. 이 경우는 Fc 대비한 전압의 차이값으로 표기하기 위함이다.

4 실험 결과 및 토의

그림 1-11의 $CoPF_6$의 음이온은 PF_6^-이고 지지 전해질의 음이온은 BF_4^-이며 Ag/Ag^+ 전극 속 지지 전해질의 음이온은 ClO_4^-이다. 특히 $CoPF_6$는 전압주사를 하면서 전해액 속의 BF_4^-로 일부 치환되어서 $CoPF_6$와 $CoBF_4$가 형성되는 2개의 산화 봉우리(−1.30, −1.10 V)가 형성된다. 용액 속 모든 음이온이 동일하도록 실험을 구성할 수 있다면 조금 단순한 반응을 관찰할 수 있겠지만, 그렇지 못한 경우도 있으며 상이한 음이온들이 실험에 어떤 영향을 미치는지를 미리 염두에 두고 관찰해야 한다. 짝 이온이 달라지면 반응 속도가 느려지거나, 침전이 발생하는 등 예상하지 못한 현상을 관찰하기도 한다.

Ag^+ 이온을 이용한 할로젠화 음이온의 적정

은 이온과 할로젠화 이온이 반응하면 침전이 발생하며, 그 역반응에 의한 이온(은 이온, 할로젠화 이온)은 용액 중에 거의 존재하지 않는다. 그 이유는 다음의 반응식 (1-10)에서 형성되는 AgX의 해리(역반응)는 극히 제한적이며, 정반응의 평형 상수는 아주 큰 값을 갖기 때문이다. 적정 반응의 기본 조건 중에 아주 큰 평형 상수와 빠른 반응 속도가 있는데, 은 이온을 이용한 할로젠화 음이온의 적정은 이 조건들을 만족한다.

$$Ag^+(aq) + X^-(aq) \rightarrow AgX(s) \qquad K = \frac{[AgX]}{[Ag^+][X^-]} \tag{1-10}$$

용액 중에 두 종류 이상의 할로젠화 이온들이 존재한다면, 은 이온과 결합했을 때 큰 평형 상수를 가지는 음이온이 먼저 침전하고, 종말점을 먼저 형성한다. 큰 평형 상수를 가진다는 의미는 용해도곱이 상대적으로 작다는 것을 의미한다.

AgI의 용해도곱(K_{sp})은 8.3×10^{-17}이며, AgCl의 용해도곱(K_{sp})은 1.8×10^{-10}이다. 용액 중에 아이오딘화 이온과 염화 이온이 존재한다면, 은 이온의 적정에 의해 아이오딘화, 염화 이온 순서로 종말점을 형성한다. I^-와 Cl^- 이온이 존재하는 미지 용액에 Ag^+ 이온 용액을 적정 시약(titrant)으로 투여할 경우 전위차계로 측정하는 완전지의 전압의 변화는 다음의 식으로 예측할 수 있다.

$$E = E_+ - E_- = \text{지시 전극 반쪽 셀의 전압} - \text{기준 전극 반쪽 셀의 전압}$$

은 전극을 지시 전극으로 하고 포화 Ag/AgCl 전극을 기준 전극으로 하여 셀을 구성하였을 때, 각 전극에 해당하는 반쪽 반응식은 아래와 같다.

지시 전극의 반쪽 반응

$$Ag^+(aq) + e^- \rightleftharpoons Ag \qquad E^\circ = 0.799\ \text{V} \tag{1-11}$$

기준 전극 반쪽 반응

$$AgCl + e^- \rightleftharpoons Ag + Cl^-(\text{포화 KCl, aq}) \qquad E = 0.197\ V \qquad (1\text{-}12)$$

전지의 전압에 Nernst 식을 적용하면

$$E = E^o_{Ag+/Ag} - 0.05916\ V \log(1/[Ag^+]) - 0.197\ V \qquad (1\text{-}13)$$

$$= 0.602 + 0.05616\ V \log [Ag^+] \qquad (1\text{-}14)$$

이 전압식에 의하면 Ag^+ 이온을 투여할수록 침전이 형성되고, K_{sp} 값이 큰 이온으로 적정이 옮겨 감으로써 $[Ag^+]$ 농도가 증가하고, 결과적으로 셀 전압은 증가하는 방향으로 변함을 알 수 있다.

2 기구 및 시약

0.01 M $AgNO_3$ 용액, 포화 Ag/AgCl 전극, 은선, KCl, KI 용액, 1.0 M KNO_3 용액, 교반기, 마그네틱바, 250 mL 비커, 50 mL 뷰렛.

3 실험 과정

① 준비된 은선은 실험에 사용하기 전에 사포로 연마하여 표면에 불순물을 제거한 뒤, 증류수로 세척한다.

② KI와 KCl이 포함된 미지 시약 용액 100 mL를 준비한다(농도는 실험자가 알 수 없도록 준비한다). 바탕 용액으로 bisulfate 완충 용액(pH 2)을 사용한다. 사용된 완충 용액은 기준 전극의 감응을 일정하게 유지한다.

③ 포화 전극 Ag/AgCl 전극 속에는 다량의 Cl^- 이온이 존재한다. 기준 전극으로부터 Cl^- 이온이 누출되어 미지 시료의 Cl^- 이온의 농도를 증가시킬 수 있으므로 이중 접촉 기준 전극을 사용해야 한다.

④ 그림 1-12는 할로젠화 이온을 은 용액으로 적정하기 위한 셀과 뷰렛이다. 셀 속에는 마그네틱 바를 이용하여 용액을 천천히 교반하여 반응의 평형에 신속히 도달하도록 한다. 마그네틱 바의 교반 속도가 너무 높아서 용액이 튀지 않도록 한다. 은 용액 때문에 갈색 뷰렛을 사용하였으나, 반응을 빠른 시간 내에 종료한다면 투명한 뷰렛도

무방하다.

⑤ 적정은 2회 실험으로 한다. 첫 번째 실험을 실험의 종말점을 빠르게 확인하기 위한 실험으로 대략적인 종말점을 알기 위함이다.

⑥ 그림 1-13은 적정에서 얻어지는 적정 곡선의 예이다. 2개의 종말점이 명확하게 관찰

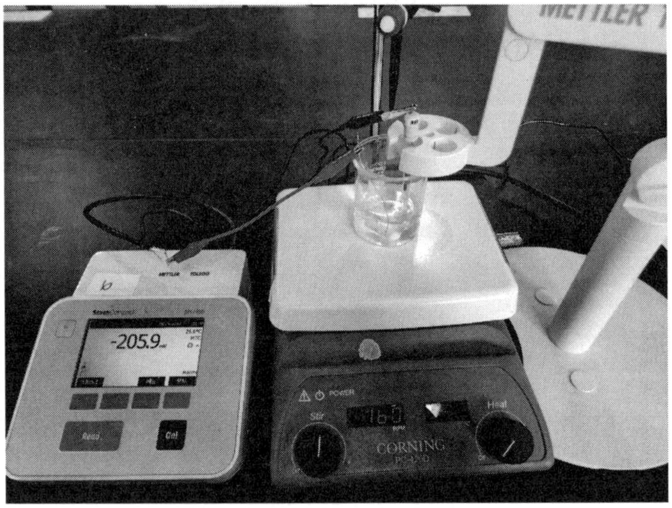

그림 1-12 할로젠화 이온의 은 적정 실험.

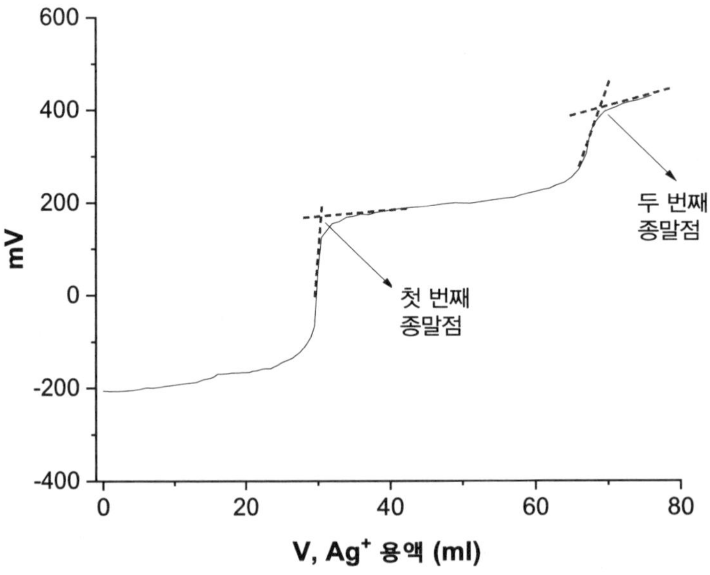

그림 1-13 할로젠화 이온들의 은 적정 실험의 적정 곡선.

된다. 두 번째 실험에서는 정확한 종말점을 얻기 위해서 종말점과 부피 차이가 클 때는 2 mL씩 투여하면서 전압을 측정하고 종말점에 가까워지면 1 mL, 0.5 mL, 0.1 mL 씩 투여하여 촘촘한 간격의 데이터를 얻어낸다.

⑦ 적정 곡선의 종말점은 전압이 급격하고 증가하는 변곡점이다. 육안으로 종말점(변곡점)을 확인할 수 없으므로 곡선의 연장선을 이용해서 연장선이 만나는 점을 각각 종말점으로 할 수 있다. 첫 번째 종말점은 전압이 변하는 기울기가 크므로 변곡점과는 큰 오차가 없으나, 2번째 종말점은 변곡점과 오차가 크다.

⑧ 변곡점을 확인하기 위해서 매번 투여한 부피 변화(Δ *V*)에 발생하는 전압 변화(Δ *E*)를 기록하여 X축은 부피, Y축은 (Δ E/ Δ V) 적정 곡선의 미분값을 얻을 수 있다. 그림 1-14는 적정 곡선의 일차 미분 곡선이며, 꼭짓점이 각각의 종말점(당량점)이고, 종말점을 정확하게 확인하기 쉽다.

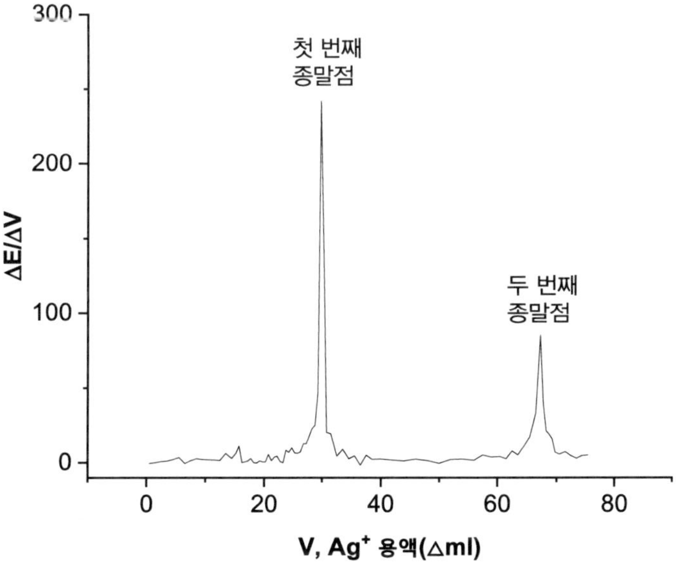

그림 1-14 적정 곡선의 일차 미분 곡선.

4 실험 결과 및 토의

얻어진 종말점을 이용해서 미지 시료 속의 할로젠화 이온들의 농도를 확인한다. 미지 시료가 고체라면 각 할로젠화 이온의 무게 %를 구한다.

실험 시 주의사항

그림 1-14와 같은 미분 곡선을 얻기 위해서는 종말점을 전후해서 적가 용액의 양을 촘촘히 투여해야 한다. 적가 용액이 $AgNO_3$ 용액이다. 오랫동안 빛에 노출된 시약이 아니라면, 사용하기 전에 잘 건조하여 사용하면 일차 표준 물질로도 사용할 수 있다. 하지만 그 농도가 불명확하다면, 순도 높은 NaCl로 표준화하여 사용하는 것이 좋다.

실험 4 비타민 C의 직접 아이오딘 적정법

직접 아이오딘 적정법(iodimetry)과 간접 아이오딘 적정법(iodometry)은 적정에 I_2(또는 I_3^-)를 사용하는가 아니면 I^-를 사용하는가로 구분한다. I_3^-를 사용하는 직접 아이오딘 적정법은 전자를 받아서 환원되어 I^-가 형성되는 산화물과 환원물의 관계(식 1-15)가 있다.

$$I_3^- + 2e^- \rightleftharpoons 3I^- \qquad E^\circ = 0.536\ \mathrm{V} \qquad (1\text{-}15)$$

따라서 직접 아이오딘 적정법은 I_3^-에 전자를 줄 수 있는 물질과 짝을 이루어서 적정을 하는 것이다. 직접 아이오딘 적정법에서 I_2와 I_3^-는 전자를 2개 수용한다는 점에서 동일하고 표준 환원 전위도 식 (1-16)과 같이 거의 유사하므로 전기화학 반응에서는 동일하게 사용할 수 있다.

$$I_2 + 2e^- \rightleftharpoons 2I^- \qquad E^\circ = 0.5355\ \mathrm{V} \qquad (1\text{-}16)$$

다만, I_2는 상온에서 고체이며, 쉽게 승화가 되는 물질이므로 적정을 하기 위해서 측량할 때 어려움이 있고 용액 중에서도 쉽게 소실될 수 있다. 승화하는 물질을 용액 속에 잡아두기 위해서 식 (1-17)과 같이 이온화하여 사용하면 이온화된 이후에는 농도를 일정하게 유지할 수 있다. 아울러 I_2는 물에 잘 용해되지 않고 그 용해도는 대략 0.0001 M 정도 되므로 원하는 농도의 용액을 만들기 어렵다. 그래서, 진한 농도의 I^- 용액 속에 소량의 I_2를 넣으면 모두 이온화하여 용액을 만들 수 있다. I_2가 과량으로 투여되면 녹지 않고 용액 속에 있는 $I_2(s)$가 관찰되므로 이것을 필터로 걸러서 사용한다.

$$I_2(s) + I^-(aq) \rightleftharpoons I_3^-(aq) \quad K = 7.3 \times 10^2 \qquad (1\text{-}17)$$

비타민 C(ascorbic acid)의 표준 환원 전위는 식 (1-18)과 같다.

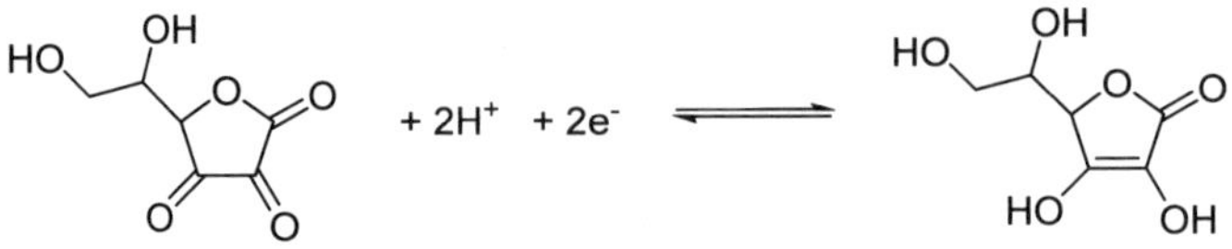

$E^o = 0.390$ V (1-18)

Dehydroascorbic acid(위의 반응식에서 반응물)는 물속에서 그림 1-15와 같이 평형을 이루며 2가지 형태로 존재한다.

Dehydroascorbic acid가 전자 2개에 의해 환원되면 ascorbic acid(비타민 C)가 되며 표준 환원 전위 값이 Iodine/iodide(I_2/I^-) 쌍보다 낮으므로 비타민 C와 I_2가 만나면 I_2가 환원되고 비타민 C는 산화되는 관계가 형성된다. 환원 전위 차이는 크지 않지만, 반응 속도는 빠르므로 적정을 통해서 정량할 수 있다.

앞에서 설명했듯이 I_2는 I^-에 의해서 용액화되어 I_3^-가 생성되지만, 실제 I_3^- 농도는 정확히 모르기 때문에 표준화를 통해서 이를 확인한다. 적정에 사용되는 물질은 $Na_2S_2O_3$는 그림 1-16의 반응과 같이 아이오딘을 환원시키는 역할을 하며 적정을 할 수 있다.

용액 속의 I_3^-는 2분자의 $S_2O_3^{2-}$ 이온으로부터 전자 2개를 받아서 위의 식과 같이 산화와 환원이 일어난다. 이를 통해서 I_3^- 용액의 농도를 표준화할 수 있다. 다만 $Na_2S_2O_3$는 1차 표준 물질이 아니므로 $S_2O_3^{2-}$와 반응할 수 있는 1차 표준 물질과 반응하여 농도를 먼저 확인하는 것이 필요하다. 이렇게 진행하는 방법은 I_2를 사용해야 하기 때문에 번거롭다. 그래서 I_2를 간접적으로 만들 수 있으며 1차 표준 물질인 KIO_3를 사용하면 제조된 I_3^- 용액의 농도를 알 수 있으므로 $S_2O_3^{2-}$로 표준화하는 과정이 필요 없다. 사용 방법은 과량의 I^- 용액과 KIO_3를 반응 (1-19)를 통하여 얻을 수 있다.

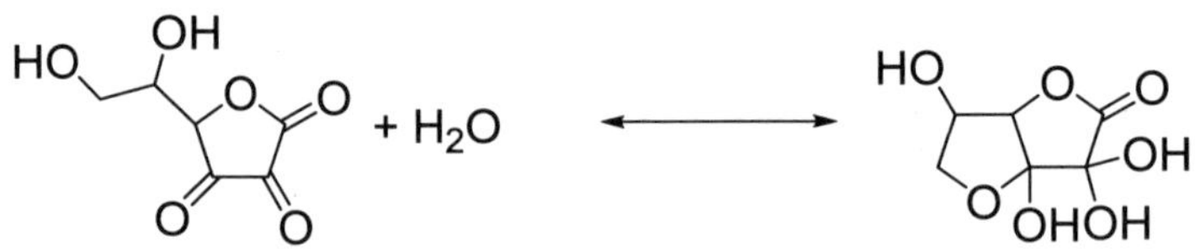

그림 1-15 비타민 C의 평형 반응.

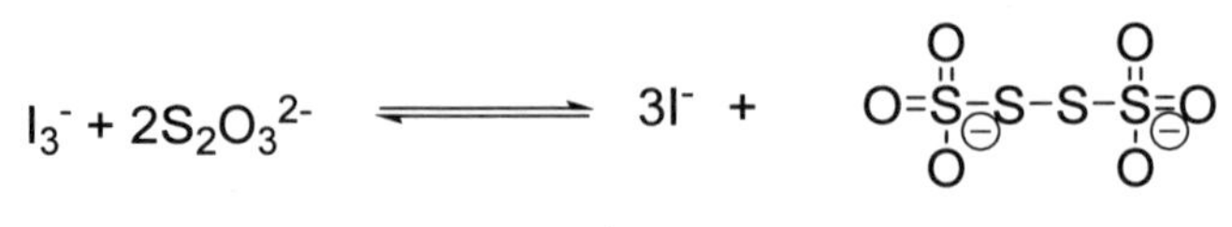

그림 1-16 I_3^-의 정량 또는 $S_2O_3^{2-}$ 이온 표준화에 사용되는 반응식.

$$IO_3^- + 8I^- + 6H^+ \rightarrow 3I_3^- + 3H_2O \quad (1\text{-}19)$$

KIO_3는 1차 표준 물질이므로 1분자의 KIO_3는 3개의 I_3^-가 만들어지는 관계식에 의하여 용액 내 $3I_3^-$의 농도가 계산된다. 이렇게 만들어진 I_3^- 용액으로 $S_2O_3^{2-}$를 표준화할 수 있다. $Na_2S_2O_3$ 용액은 산성에서 다음과 같이 분해되므로 약염기 조건에서 보관한다. 증류수를 끓여서 사용하지 않으면 용존 CO_2에 의한 H^+가 반응 (1-20)을 유발한다.

$$S_2O_3^{2-} + H^+ \rightleftharpoons HSO_3^- + S(s) \quad (1\text{-}20)$$

Ascorbic acid의 정량은 충분한 양의 I_3^- 용액으로 ascorbic acid를 반응시킨 후, 반응에 소모된 I_3^-를 역적정을 통해서 얻어낸다. Ascorbic acid와 반응 후 남은 I_3^-를 역적정할 때, 표준화된 $Na_2S_2O_3$를 사용한다.

2 기구 및 시약

KIO_3, $Na_2S_2O_3$, 증류수, KI, H_2SO_4, 녹말, Vitamin C, Na_2CO_3, 500 mL 부피 플라스크, 황갈색 병.

3 실험 과정

녹말 지시약 제조

① 가용녹말 1 g을 15 mL의 물과 혼합하여 반죽을 만들고, 끓인 물로 약 500 mL 부피가 되도록 희석한 후 맑아질 때까지 가열한다.

② 용액을 냉각시킨 후 마개로 잘 막아서 보관한다. 며칠 지난 녹말 지시약은 공기 중의 미생물이 번식하여 사용하기 어렵다. 따라서 방부제(HgI_2, 티몰) 등을 첨가하여 사용한다.

③ 방부제는 500 mL 지시약에 5 mg가량 사용한다. 지시약은 한 번에 2~5 mL 정도 사용한다. 즉시 사용할 경우에는 방부제가 필요 없다.

$Na_2S_2O_3$ 용액의 표준화

① $Na_2S_2O_3 \cdot 5H_2O$ 8.7 g을 500 mL 부피 플라스크에 넣고 끓인 증류수(0.05 g Na_2CO_3 함유)로 녹인다. 황갈색 병에 담고 뚜껑을 닫는다.

② 0.01 M KIO_3 용액은 다음의 순서로 준비한다.

③ 500 mL 부피 플라스크에 KIO_3 1.07 g를 넣고 증류수로 녹인다.

④ 250 mL 삼각 플라스크에 50 mL KIO_3 용액을 넣은 후 고체 KI 2 g과 0.5 M H_2SO_4 10 mL를 가한다.

⑤ KIO_3 용액에 $Na_2S_2O_3$ 용액의 색이 거의 없어질 때(옅은 노란색)까지 넣으면서 적정한다. 적정이 거의 종결될 즈음 녹말 지시약 2 mL를 가하고 $Na_2S_2O_3$ 용액을 추가하면서 적정을 완결한다. 이 과정을 2회 더 반복한다. 녹말 지시약을 종말점 직전에 가하는 이는, 변색이 명확하게 하기 위함이다. 적정의 시작부터 I_3^-용액에 녹말지 시약을 투여한 후 적정을 하면, 많은 수의 I_3^- 이온에 결합된 녹말의 결합이 종말점에 도달하더라도 쉽게 떨어지지 않기 때문이다. 이런 경우는 변색이 일어나지 않는다. 적정의 색 변화 관찰은 그림 1-17과 같다.

KIO_3와 KI를 이용해서 I_3^- 용액을 제조하였을 때 용액은 갈색(적정 전, 1)을 띤다. 용액에 $Na_2S_2O_3$를 적가하여 표준화를 하면서 종말점 직전(옅은 노란색, 2)에 도달하였을 때, 준비해 둔 녹말 지시약을 넣으면 녹말과 잔존 I_3^-가 결합한 짙은 남색(3)이 관찰된다. 계속해서 $Na_2S_2O_3$를 적가하여 I_3^-가 모두 $3I^-$로 변하면 녹말과의 결합이 끊어져서 무색(4)이 된다.

적정 전(1) 종말점 직전(2) 녹말 지시약(3) 종말점(4)

그림 1-17 $Na_2S_2O_3$의 표준화와 변색 과정.

시료 속의 비타민 C의 정량

과립형 비타민(약국에서 구매하는 비타민 과립) 속의 비타민 C의 정량(무게%)을 할 수 있으며, 또는 임의로 농도로 만들어진 용액을 실험자가 정량할 수 있다. 이번 실험에서는 고체 시료 0.8 g에 비타민 C 0.2 g이 혼합되어 있다고 하자.

① 0.3 M H_2SO_4 60 mL로 시료를 유리막대로 녹인다. 일부 물질은 산에 녹지 않을 수 있다.
② 고체 KI 2g과 KIO_3 용액 50 mL를 혼합한다. 이 용액을 ① 용액에 천천히 반응시킨다.
③ 반응 용액을 $Na_2S_2O_3$ 표준용액으로 색이 거의 없어질 때(옅은 노란색)까지 적정한다.
④ 녹말 지시약 2 mL를 가하고 $Na_2S_2O_3$ 용액을 추가하면서 적정을 완결한다.
⑤ 실험을 2회 더 반복한다.

산성 용액은 산소(공기)가 제공되는 조건에서 다음과 같은 반응을 진행한다.

$$6I^- + O_2 + 4H^+ \rightarrow 2I_3^- + 2H_2O \qquad (1\text{-}21)$$

일차 표준 물질인 KIO_3를 이용해서 I_3^-를 생성하는 반응 조건에서 산(H^+)과 당량을 조금 넘는 I^- 이온을 함께 사용하므로 위의 반응이 발생할 수 있다. 다만, 증류수를 끓여서 사용하므로 증류수의 용존 CO_2, O_2의 제거가 가능하여, 막 제조한 표준 용액에서는 반응 (1-20), (1-21)과 같은 반응이 일어나지 않는다. 오래된 표준 용액에서는 용액으로 CO_2와 O_2가 스며들어 표준 용액의 농도가 불확실해질 수 있으므로, 오래된 용액을 사용하지 않도록 한다.

4 실험 결과 및 토의

① 적정에서 얻게 된 비타민 C의 무게 %를 구한다. 실험 예는 고체 시료 0.8 g 중에 비타민 C 0.2 g을 혼합하였을 때의 시료를 정량하는 것인데, 적정에서 이론적 무게%가 구해지는지를 확인한다.
② 시중에 판매되는 비타민 C 과립을 이용해서 비타민 C의 무게 %를 구한다.

Part

2

전압전류법

전기화학 측정에서 전압을 변화시키거나 또는 전류를 사용하면 산화 환원 반응이 진행되므로 더 이상 평형 상태가 아니다. 전압을 변화시키는 순간에 전류를 측정하고 있다면 그 순간 용액의 구성 물질들의 농도가 변하고 있다고 할 수 있다. 전류(단위 시간당 전하량의 변화)는 반응 속도를 의미하므로 전류의 발생이 곧 구성 물질 농도의 변화라고 할 수 있지만, 전압의 변화는 구성 물질의 농도 변화를 동반하지 않을 수도 있다. 전압의 변동이 발생해도 반응이 시작하기는 전압이 충분히 높지 않을 수 있다. 활물질 등이 패러데이 전류를 발생시키는 전압에 도달할 때까지는 반응이 일어나지 않기 때문이다.

1 패러데이 법칙과 전류

패러데이 법칙은 산화 또는 환원이 발생하는 물질에 의해서 물질의 농도 변화를 연관시키는 법칙이다. 패러데이 법칙의 전하량은 전기화학 반응에 참여하는 물질의 양(몰수)에 비례하며 그 비례상수가 패러데이 상수(F)이다.

$$Q = nNF \qquad (2\text{-}1)$$

여기서 n은 반응에 참여하는 전자의 개수, N은 반응에 참여하는 물질의 몰수이다. 즉, N = (반응에 참여한 물질의 무게, g)/(물질의 분자량, g/mol)이다.

여기에서 전자뿐만 아니라 이온(예, H^+ 이온)도 전하량으로 계산되므로 이온도 동일하게 취급되지만, 전자를 기준으로 이용해서만 설명한다. 다음의 두 반쪽 반응

$$Fe^{3+} + e^- \rightleftharpoons Fe^{2+}$$
$$Sn^{4+} + 2e^- \rightleftharpoons Sn^{2+}$$

에서, 첫 번째 반응은 전자가 1개 참여하므로 $n = 1$, 두 번째 반응은 전자가 2개 참여하므로 $n = 2$이다. Q(전하량)는 반응에 참여하는 전체 전자의 양을 표기하는 것이며 반응에 참여하는 물질의 몰수를 전자의 몰수(nN)로 변환한 후 상수(패러데이 상수, F, 96485 C/mol)에 의해서 전자의 양을 쿨롱(C) 단위로 변환한다. 여기에서 전하 1개(전자 또는 H^+ 이온)의 전하량은 1.602×10^{-19} C이며 전자가 1몰이 있을 때의 전하량이 패러데이 상수가 된다.

2 전압

전압은 상대적인 값이며, 어떤 상태에서 전하량이 1 C만큼 반응에 참여하는 데 발생하는(필요한) 에너지이다. 전압의 단위는 V이며 반응에 따라 1 C의 전하량이 제공하는 에너지가 다르고, 그 크기는 1 V, 2 V와 같이 표현된다. 1 V = 에너지 / 1 C이라고 이해할 수 있다. 1 C이 제공하는 에너지인 전압과 전하량을 곱하면 반응에 참여하는 물질들에 의해서 제공하는 총 에너지가 된다. 에너지 = 전압(E) × 전하량(Q)이며 전압과 전하량의 단위의 곱인 VC는 에너지의 단위인 J이 된다.

에너지의 단위인 J로의 변환에서는, 전하량이 C 단위로 표현되어야 에너지가 J로 표현된다. 패러데이 상수 96,485 C/mol를 이용해서 1 C은 몇 개의 전자 또는 H^+인지를 계산하면 6.24×10^{18}개의 전자이다. 즉, 1 V의 일을 할 수 있는 반응에서 6.24×10^{18}개의 단위 하전(전자 또는 단위 하전의 이온)이 참여할 때 1 J의 에너지가 발생한 것이다. 아보가드로 수와 1 C에 해당하는 전자의 수와 같은 큰 숫자를 다루기에는 불편한 것을 패러데이 상수와 같은 편리한 변환 상수로 사용되게 하는 이유이다.

Part 2의 실험들은 평형에서 벗어난 상태의 전류와 전압을 측정하기 위한 여러 가지 방법들이며 이를 바탕으로 조금 더 응용된 분석도 가능할 것이다.

실험 5 선형 훑음 전압전류법

산화 환원이 가능한 물질은 각 물질이 산화 및 환원이 발생하는 고유한 전압을 가진다. 산화 및 환원이 발생하는 전압을 관찰하기 위해서 기준 전극의 전압을 기준으로 작업 전극의 전압을 변화시키면서 전류의 발생을 관찰하는 방법을 전압전류법(voltammetry)이라고 하며, 전압의 변화를 일정하게 한 방향으로만 변화시키는 것을 선형 훑음 전압전류법(Linear sweep voltammerty, LSV)이라고 한다. 전압의 변화방향은 양의 방향 또는 음의 전압 방향으로 변화시킬 수 있고, 변화 속도는 V/s의 단위 또는 mV/s의 단위로 표기한다. 전압 주사 속도는 (전압 변화/(t_1-t_0))로 정의할 수 있다(그림 2-1).

반응에 관찰되는 활물질과 전해질, 전극, 측정방법이 동일하다면, 산화 및 환원이 발생의 시작 전압(onset potential)이 동일하고, 전류의 최대치가 형성되는 봉우리 전압(peak potential)도 동일한 전압에서 발생하므로 간접적인 정성 분석의 방법이 될 수 있다.

전기화학 반응을 측정하기 전에 작업 전극의 표면 불순물을 화학적으로 또는 물리적으로 제거하여 전극 표면에 전극 소재 외의 물질이 측정에 영향을 주는 것을 최소화해야 한다. 화학적으로는 진한 질산에 전극을 담가 산으로 제거할 수 있는 물질을 1차적으로 제거한다. 이후 연마제(알루미나)와 연마용 패드를 이용하여 최종적으로 전극 표면에 존재할 수 있는 유기물, 무기물, 전극 산화물 등이 제거된 전극 소재만 용액과 접촉

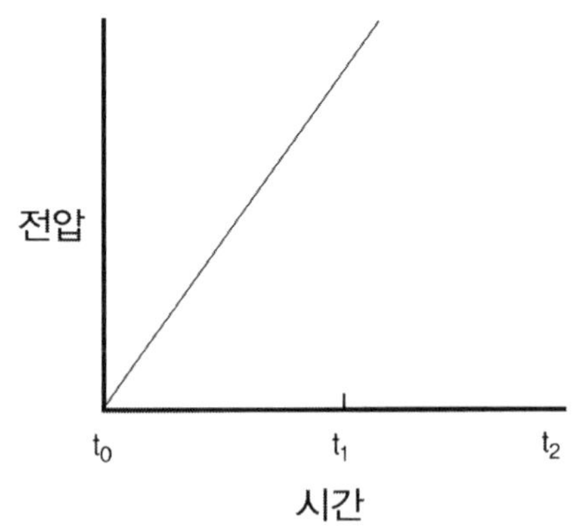

그림 2-1 LSV 실험에서의 전압 주사. t_0: 전압 주사 시작 시간, t_1: 전압 주사의 진행.

하도록 한다. 일반적으로 전기화학적으로 가장 안정한 백금을 전극 물질로 사용하고, 필요에 따라 금, 탄소, 니켈 등을 사용할 수 있다. 백금을 제외한 다른 소재들은 산으로 세척할 때 전극이 손상되는지를 따져가며 세척액의 사용을 제한하기도 한다.

그림 2-2는 연마 헝겊과 연마제를 사용하여 전극 표면의 불순물을 제거하는 과정이다. 기본 요령으로, 사용하는 연마 헝겊과 연마제의 거칠기가 큰 순서에서 점점 작은 순서로 2~3단계를 거쳐 연마한다. 그림 2-2 오른쪽은 연마 헝겊을 접착하여 사용하는 유리판 위에 연마제(알루미나) 현탁액을 사용하여 전극을 수직으로 쥐고 숫자(8)를 그리면서 수 분 동안 연마하는 모습이다. 그림은 전극을 쥐고 있는 모습을 보여주는 것인데, 전극과 연마 헝겊은 수직이 되도록 접촉하도록 한다. 8자를 그리는 이유는 연마면이 경사지지 않고 상하좌우로 균일하게 하기 위함이다. 전극의 단면이 헝겊과 평형하게 연마해야 전극 단면적이 일정하게 유지된다.

연마를 해서 얻을 수 있는 이점은 깨끗한 표면을 사용함으로써 재현성 있는 결과를 얻는 것이다. 또한 전극 표면 거칠기(roughness)를 최대한 1에 가깝게 할 수 있다. 이론적으로 1에 접근하는 것은 불가능하지만, 전극을 다루는 입장에서 거칠기를 최대한 제거하면 거칠기의 영향을 일정하게 두고(무시하고) 실험을 할 수 있기 때문이다. 알루미나 현탁액에서 알루미나 입자의 입경은 수 마이크로미터를 시작으로 점점 작은 입자를

그림 2-2 작업 전극의 연마.

사용하여 전극 표면이 최대한 평평하게 광택이 날 때까지 연마한다. 연마한 후 얼마 사용되지 않은 전극이라면 가장 고운 알루미나로 한 번만 연마하면 된다. 측정 용액을 바꾸어 실험하는 경우에도 연마를 실시하는 것이 좋다. 직전 측정에서 전극에 발생된 생성물을 제거하여, 직전 측정의 영향을 제거한다.

연마를 통해 작업 전극(Working electrode, W)을 사용할 준비가 되었다. 보조 전극(Counter electrode, C)과 기준 전극(Reference electrode, R)을 실험에 사용하기 위해서 실험 용기(electrochemical cell)에 3개의 전극을 고정해야 한다. 고정하기 위한 요령은 다음과 같다. 작업 전극에서 발생하는 반응을 관찰하기 위해 보조 전극은 작업 전극보다 표면적이 큰 전극을 사용한다. 재질은 실험에 방해되지 않는 재질을 모두 사용할 수 있지만 백금선(Pt wire)을 많이 사용한다. 백금선을 구매하여 그림 2-3처럼 용수철 형태로 만들어서 사용한다. 그물형 보조 전극을 사용하는 경우도 있다. 보조 전극의 세척도 필요한데, 그림처럼 용수철 모형인 경우는 연마가 어렵기 때문에 진한 질산(3 M 이상)에 전극을 1시간 이상 담근 후, 증류수 세척 및 건조해서 사용한다. 작업 전극의 연마를 실시할 때, 전극에 흡착된 물질이 제거되지 않으면 질산에 전극 밑부분만 담근 후 다시 연마를 실시한다.

그림 2-3에서 보면 작업 전극(W)을 기준으로 기준 전극(R)을 작업 전극 가까이에 두고 보조 전극(C)은 두 전극과 다소 거리를 둔다. 장비에서 설정하는 작업 전극의 전압과

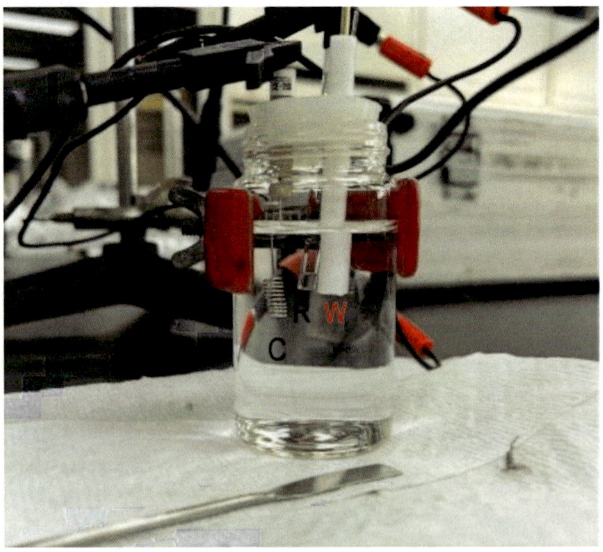

그림 2-3 3전극 셀의 설치.

실제 작업 전극의 전압은 전해액 저항에 의해 조금의 오차가 발생한다. 이 오차는 두 전극 사이의 전해액 저항에 비례한다. 두 전극의 거리를 가까이 두면 그 오차 수준이 최소가 되는데, 이 오차를 더욱 줄이기 위해서 루긴 모세관을 설치하기도 한다. 필요에 따라 교반(maganetic bar)을 사용하기도 하지만, 보통의 측정에는 사용하지 않는다. 그림 2-3의 3전극 셀은 온도 변화가 적은 실험 공간에서 사용하는 경우이며, 실험실 온도가 외부의 날씨에 영향을 많이 받는 경우라면 실험 용기를 항온 장치 속에 설치하거나 항온조의 물(또는 다른 용액)이 실험 용기를 감싸고 순환하도록 water jacket cell을 사용하기도 한다.

LSV를 통해서 전기화학 반응을 관찰하기 위해서는 전극 자체는 전기화학적인 산화와 환원 반응이 일어나지 않고, 전극 물질로부터의 패러데이 전류는 발생하지 않아야 한다(약한 수준의 충전 전류는 일어난다). 이러한 전극을 ideal polarizable electrode (IPE, 이상적 편극이 되는 전극)라고 한다. IPE는 백금 전극을 가장 많이 사용하며 작업 전극으로 사용된다. 이와 대조적으로, 전기화학 반응이 발생하고 전류가 조금 흐른다고 해도 전극의 전압이 변하지 않는 전극을 ideal nonpolariable electrode(이상적으로 편극이 불가한 전극)이라고 하고, 기준 전극이 이러한 특징을 이용한 전극에 해당한다. 기준 전극에는 통상적으로 전류를 흘리지 않지만, 조금 흐른다고 하더라도 일정 전압을 유지해야 한다. 만약에, 너무 오랫동안 전류를 흘리면 기준 전극의 구성 성분 변화가 커지므로 일전 전압을 유지하는 기능이 사라진다. 따라서 기준 전극의 전압을 일정하게 유지하기 위해 기준 전극과 작업 전극이 1개의 회로, 작업 전극과 보조 전극이 독립된 또 하나의 회로를 구성하고 전류는 작업 전극과 보조 전극 간에만 흐르도록 한다.

실험 5-1. 전위창 측정(수소 및 산소의 발생)

1 이론

본 실험에서는 염기성과 산성 용액의 전위창을 측정하여, 산성과 염기성 조건에서 수소와 산소의 발생 전압을 측정한다. 발생 전압은 LSV의 전압 주사 시에 전류의 급격한 증가가 관찰되는 전압이다.

전극과 전해액이 준비된 상태에서 LSV를 측정하는데, 시작 전압(initial potential)으로부터 양의 방향 또는 음의 방향으로 전압을 변화시키며 변화시키는 속도(주사 속도,

scan rate)를 실험의 목적에 맞추어 설정한다. 시작 전압은 특별한 이유가 없다면, 개방 회로 전압(open circuit potential, OCP)에서 시작한다. 개방 회로 전압은 potentiostat에서 전극들(작업 전극과 기준 전극)이 용액과 접촉하여 읽어지는 전압이다. 이는 곧 전압법에서 구할 수 있는 전압을 의미하며 전압법은 전기화학 반응(전류)이 없는 상태에서의 셀 전압이다. OCP에서 전압 주사를 시작하면 전류의 발생이 없는 상태에서 출발하여 주사가 진행되면서 전류를 측정한다. 전류가 발생하는 전압을 시작 전압으로 설정하여 측정을 시작하면 측정이 시작되는 아주 짧은 시간에 셀의 평형 상태를 급격히 흔들면서 시작하게 되므로 의도하지 않게 중요한 정보를 놓칠 수가 있다.

수용액에서 양의 방향으로 전압을 주사하면 물의 산화(산소 발생)를 관찰하는데 그 반응의 세기는 전류로 표현된다. 용액 속에 산화 환원이 가능한 물질이 포함되어 있다면 물의 산화 외에 다른 전류가 발생하여 전류의 발생 형태가 달라진다. 그림 2-4는 양의 방향 주사(파란색)에서 전류 발생(산소 발생) 반응과 반대 방향(붉은색)의 방향 주사에서 환원 전류 발생(수소 발생) 전류가 관찰된다.

그림 2-4는 양의 방향의 LSV(파란색)와 음의 방향의 LSV(붉은색)를 각각 측정하여 1개의 그림에 합하여 표현한 것이다. 전위창을 측정할 때, 각각 독립적인 2개의 LSV를 측정한 이유는, 전극 표면에 다른 전기화학 반응의 잔여물이 없는 상태에서 측정하기

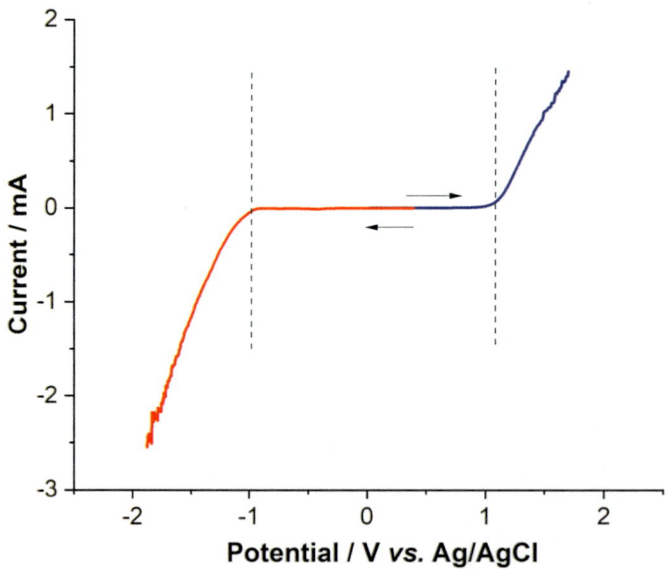

그림 2-4 염기성 수용액을 이용한 LSV의 예시. 시작 전압이 화살표로 표기되었으며, 0.1 M NaOH 수용액의 지지 전해질이 사용되었다.

위함이다. 이를 위해서 1번의 LSV를 측정 후 반드시 전극을 연마 및 세척하고 새로운 측정을 해야 하는 것이다. 각 전극에서의 반응은 다음과 같다.

전기화학 측정(분석)을 위해서 사용되는 바탕 전해질은 활물질 대비 최소 100배 이상 높은 농도를 사용하며, 별다른 조건을 모를 경우에는 1.0 M을 가장 많이 사용한다. 전기화학 반응을 관찰하려면 분석 대상 물질이 산화 또는 환원할 때, 산화 및 환원 산물을 전기적 중성으로 만들기 위해서 지지 전해질에 충분한 양의 이온이 있어야 한다. 이때 전해질 농도가 너무 낮으면 산화 또는 환원된 물질이 전기적 중성에 도달하는 시간을 느리게 하고, 결과적으로 전기화학 반응을 제한하게 한다. 제한된 전기화학 반응은 낮은 전류로 관찰되는데, 낮은 전류는 분석대상물 자체의 특성이 아니라, 지지 전해질의 농도가 낮아서 분석대상물의 특징을 왜곡하는 것이다. 따라서 지지 전해질의 농도를 설정할 때는 너무 낮은 농도는 피해야 한다.

본 실험에 사용된 용액은 0.1 M NaOH이다. 이 농도는 지지 전해질로서는 낮은 농도이지만, 지지 전해질 외에 측정 대상이 없고 지지 전해질의 분해(수전해)를 관찰하는 것이어서 농도는 조금 묽어도 물의 전기분해 측정에는 지장이 없다. 작업 전극과 보조 전극, 지시 전극은 각각 Pt, Pt, Ag/AgCl(포화 KCl) 전극이다. 주사 속도는 20 mV/s인데 일반적으로 많이 사용하는 주사 속도이다. 아래의 반응식은 캐쏘드와 애노드에서의 반응이며 환원 반응의 형식으로 표현되었다. 용액이 염기성이므로 OH^- 이온이 반응식에 포함되어 있음을 알 수 있다. 각 전극에서의 반응은 다음과 같다. 전기화학 셀(전지)이 자발적 또는 비자발적인 것과 관계없이, 환원이 일어나는 전극을 캐쏘드, 산화가 일어나는 전극을 애노드라고 한다. 다만 에너지를 충전해서 사용하는 배터리의 경우에는 방전 반응을 기준으로 산화 반응을 하는 전극을 애노드(음극), 그 반대를 캐쏘드(양극)라고 칭한다는 점을 유의하자. 애노드에서는 산화가 일어나지만 아래와 같이 전압을 계산하기 위해서는 반응식을 모두 환원 형태로 표기하는 것이 편리하다.

캐쏘드(환원 전극):

$$2H_2O + 2e^- \rightarrow H_2 + 2OH^- \qquad E^o = -0.83\ V \tag{2-2}$$

애노드(산화 전극):

$$\tfrac{1}{2}O_2 + H_2O + 2e^- \rightarrow 2OH^- \qquad E^o = 0.40\ V \tag{2-3}$$

전체 반응: 캐쏘드 − 애노드

$$2H_2O \rightarrow H_2 + \tfrac{1}{2}O_2 \qquad E^o_{반응} = -1.23\ V \tag{2-4}$$

파란색과 빨간색 곡선에서 전류가 증가하는 전압(onset potential)을 점선으로 표기하였으며, 두 점선 사이 전압영역에서는 전류가 거의 미미한 수준이며 산화 환원과 관련이 있는 전류(패러데이 전류)가 없고, 대신에 전해질 이온이 전극에 흡착 및 탈착하여 발생하는 전류(충전 전류, capacitive current)만 존재한다. 이 영역을 전위창(potential window)이라고 한다. 전위창 바깥 영역에서는 수전해에 해당하는 패러데이 전류가 있으므로, 수용액에서 수전해의 전류가 없는 상태에서 전기화학 반응을 관찰하려면, 전위창 내의 전압을 사용해야 수전해 전류와 섞이는 문제를 회피할 수 있다.

염기성 용액과 반대로 산성 용액에서의 수전해를 관찰해 보자. 대표적인 강산들 HCl, HNO_3, H_2SO_4 중에서 어떤 산이든 선택해서 산성 지지 전해질을 만들 수 있다. 약산에 해당하는 CH_3COOH 등은 수전해를 관찰할 수 있으나, 약산(즉, 약전해질)은 높은 농도[포말 농도]를 준비해도 실제로 해리되어 이온으로 활동하는 H^+와 CH_3COO^- 음이온의 농도가 아주 낮다. 대부분의 약전해질은 지지 전해질로서는 부적합하다. 강산에서 HCl과 HNO_3는 Cl^-나 NO_3^- 이온이 각각 산화 및 환원이 될 수 있다. 수전해와 이온의 분해가 동시에 발생하면 수전해를 관찰하는 데 방해가 된다. 산성 용액에서 수전해를 관찰하기에는 황산을 사용하면 수전해 외에 다른 반응이 함께 관찰되는 문제를 피할 수 있다.

산성 용액에서의 각 전극에서의 반응식은 아래와 같다.

캐쏘드:

$$2H^+ + 2e^- \rightarrow H_2 \qquad E^o = 0\text{ V} \tag{2-5}$$

애노드:

$$2H^+ + ½O_2 + 2e^- \rightarrow H_2O \qquad E^o = 1.229\text{ V} \tag{2-6}$$

전체 반응: 캐쏘드 − 애노드 $\qquad E^o_{\text{반응}} = -1.23\text{ V}$

$$H_2O \rightarrow H_2 + ½O_2 \tag{2-7}$$

낮은 pH에서의 수소 발생은 수소 이온의 농도가 높으므로 NaOH 용액에서의 수소 발생보다 용이하다.

수소 발생의 Nernst 식을 표기하면 아래와 같다.

$$E = E^o - (0.05916/2)\log(p(H_2)/[H^+]^2) \tag{2-8}$$

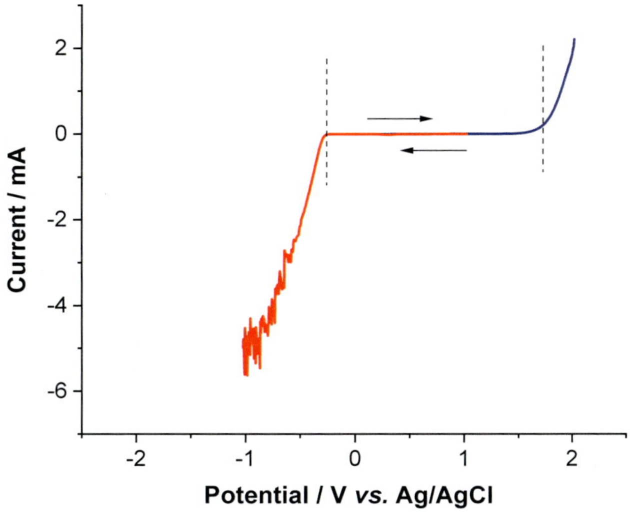

그림 2-5 산성 수용액을 이용한 LSV의 예시. 0.1 M H_2SO_4 수용액의 지지 전해질이 사용되었다.

수소 이온 농도의 증가는 캐쏘드의 전압을 양의 방향(positive shift)으로 커지게 한다.

마찬가지로 애노드 반응의 Nernst 식은 (2-9)와 같다.

$$E = E^{o} - (0.05916/2) \log (1/[H^{+}]^{2}p(O_2)^{1/2}) \qquad (2\text{-}9)$$

수소 이온 농도의 증가는 애노드 전압도 양의 방향으로 이동하게(positive shift) 한다.

그림 2-4와 2-5를 비교하면, 염기성에서 산성으로 전해질이 바뀌었을 때, 전위창의 넓이의 변화는 미미하고, 환원과 산화의 시작전압이 (+)방향으로 이동한 것을 확인할 수 있다.

2 실험의 요지

이론 설명을 바탕으로 전해액의 농도가 1.0 M인 산성과 염기성 용액을 이용해서 수소와 산소가 발생하는 전해액 분해 반응을 관찰한다. 전해액 분해 반응은 전해액을 바탕 용액으로 사용하여 다른 전기화학 반응을 측정할 시에는 측정을 가능하게 하는 전압폭(전위창)이 되는 것이다. 하지만, 수전해를 할 때는 반응이 시작되는 전압이 되며, 과전위를 줄여서 시작 전압을 앞당긴다면, 수전해의 효율이 높아지는 것을 관찰하는 도구가 되겠다.

3 기구 및 시약

증류수, Pt 작업 전극, Pt wire(보조 전극), Ag/AgCl 전극 또는 SCE(포화 칼로멜 전극), KOH, H_2SO_4, 전기화학 셀(유리 비커와 실리콘 마개). 실리콘 마개는 비커 내경에 맞도록 자르고, 실리콘에 3개의 구멍을 만들어서 전극 3개가 고정되도록 한다. Pt 작업 전극은 그림 2-2와 같이 테프론 원통 몸체 바닥에 원형 금속이 노출된 형태의 모양이 일반적이다. Pt의 반경을 측정하면 전극의 단면적을 얻을 수 있다.

4 실험 과정

수전해를 통한 전위창 확인은 염기성 용액(1.0 M KOH 용액)과 산성 용액(1.0 M H_2SO_4)을 사용하여 실시한다.

1.0 M KOH 용액

① 시작 전압은 OCP로 하여 + 1.7 V 까지 LSV를 실시하고, 음전압 방향의 주사는 OCP에서 시작해서 −2 V까지 LSV를 측정한다. 주사 속도는 20 mV/s로 한다.

② 그림 2-4와 같이 2개의 LSV를 겹쳐서 수전해가 발생하는 전체 전압영역을 표기한다.

1.0 M H_2SO_4 용액

① 시작 전압은 OCP로 하여 + 2 V 까지 LSV를 실시하고, 음전압 방향의 주사는 OCP에서 시작해서 −1 V 까지 LSV를 측정한다. 주사 속도는 20 mV/s로 한다. 염기성 용액에서 산성 용액으로 전해액이 바뀌게 되면 수전해 영역이 positive shift하므로 측정하는 전압영역도 따라서 변하게 되었다.

② 그림 2-5와 같이 2개의 LSV를 겹쳐서 수전해가 발생하는 전체 전압영역을 표기한다.

5 실험 결과 및 토의

그림 2-6은 이상적인 상태에서 보여줄 수 있는 전위창을 회색 음영으로 표현한 것이다. 회색 음영의 폭은 1.2 V가량이며, 실제 측정에서는 전위창의 폭이 2 V가 넘는 경우도 많다. 이상적인 경우보다 더 높은 산화 전압 그리고 더 낮은 환원 전압을 사용해야 하는 이유는 산화와 환원이 발생하게 하는 활성화 에너지(activation energy) 장벽을 극복에

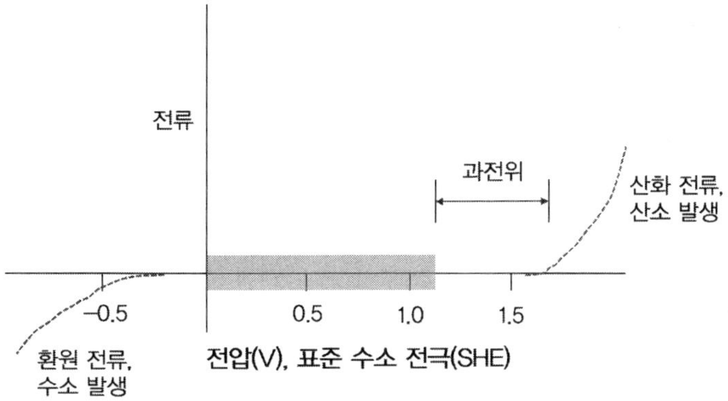

그림 2-6 전위창과 과전위.

필요한 에너지를 추가로 제공해야 하기 때문이다. 이론적 전압보다 더 큰 에너지를 제공하게 되며 그만큼 증가한 전압을 과전위(over potential)라고 한다. 과전위는 크게 3가지 종류가 있는데, 첫째는 활성화 에너지 장벽에 의한 것이다. 두 번째는 용액 또는 전극의 저항 때문에 발생하는 저항에 의한 추가적인 에너지 소요 또는 에너지 감소(IR drop)이고, 마지막으로 확산 과전위이다. 용액 속에 반응에 참여하는 물질 또는 전해액의 농도에 따라서 전압을 더 높여야 하는 경우에 해당한다. 물질의 농도가 더 진하면 전극으로 빠른 확산이 가능하므로 반응 속도가 빨라지고 반응에 필요한 전압의 추가적인 증가가 약할 것이다.

3가지의 과전위가 반응의 시작 전압(onset potential)과 전류의 크기에 어떻게 영향을 미치는지는 활성 물질(active material)과 전해액의 농도를 변화시켜서 농도에 따른 변화가 있는지를 확인할 수 있다.

① 용액의 pH가 변함에 따라 시작 전압이 어떻게 변하는지 토의한다(Nernst 식이 사용되는지에 대한 토의).
② 2가지 실험에서 전위창의 폭과 수전해 시작 전압이 어떻게 되는지 확인한다.
③ KOH의 농도와 H_2SO_4의 농도를 변화시키면 전위창과 전류가 어떻게 변할지 토의한다.

작업 전극의 재질이 백금에서 다른 금속으로 바뀌면 해당 금속에 적용되는 과전위가 달라지므로 백금 전극과는 상이한 시작 전압을 형성한다.

실험 5-2. 해수의 전기분해

1 이론

해수의 전기분해는 바닷물에 많은 양으로 존재하는 소금(NaCl) 용액을 이용해서 모사한다. 용액 속에 NaCl이 있는 것을 제외하고, 기본적으로 산성과 염기성의 수전해와 동일하다. 다만, NaCl 전해염이 반응에 참여하여 앞의 수전해 실험에서의 수소와 산소의 생성과는 다른 생성물을 만든다. 반응식은 다음과 같다. 소금물의 구성은 H_2O와 NaCl이다.

캐쏘드:

$$2H_2O + 2e^- \rightarrow H_2 + 2OH^- \qquad E^\circ = -0.83\ V \qquad (2\text{-}10)$$

애노드:

$$Cl_2 + 2e^- \rightarrow 2Cl^- \qquad E^\circ = 1.3583\ V \qquad (2\text{-}11)$$

전체 반응: 캐쏘드 − 애노드 $E^\circ = -2.1883\ V$

$$2H_2O + 2Cl^- \rightarrow H_2 + Cl_2 + 2OH^- \qquad (2\text{-}12)$$

이와 같이 수전해에 사용되는 전압보다 더 높은 전압이 필요함에도 산소 대신 염소가 발생 된다. 특히 산소를 발생하는 데 필요한 전압은 식 (2-6)에 표기된 바와 같이 1.229 V로서 식 (2-11)의 염소 발생의 전압보다 낮다. 즉 애노드에서 산소 발생이 염소 발생보다 열역학적으로 유리하다. 하지만, 전기화학 발생에는 열역학적인 이론 전압뿐만 아니라, 반응 발생에 추가로 필요로 하는 에너지인 과전위가 소요된다. 이것이 소금물 전기분해에는 산소보다 염소의 발생이 더 수월한 이유이다.

2 기구 및 시약

증류수, Pt 작업 전극, Pt wire(보조 전극), Ag/AgCl 전극(포화 KCl) 또는 SCE(포화 칼로멜 전극), potentiostat, 1.0 M NaCl, 0.5 M Na_2SO_4, 전기화학 셀(유리 비커와 실리콘 마개). 실리콘 마개는 비커 내경에 맞도록 자르고, 실리콘에 3개의 구멍을 만들어서 전극 3개가 고정되도록 한다.

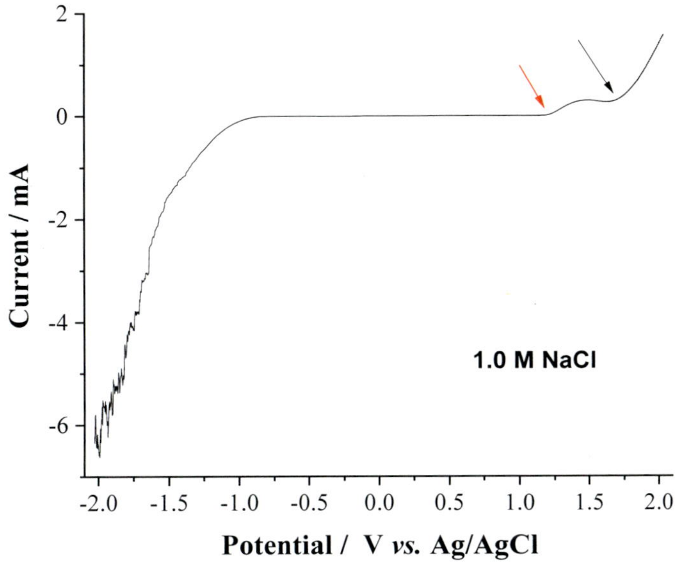

그림 2-7 1.0 M NaCl 수용액의 전위창.

3 실험 과정

그림 2-4 및 2-5와 동일한 방법으로 시작 전압은 OCP로 하여 + 2 V까지 양의 방향으로 주사하고, 음 전압 방향의 주사는 OCP에서 시작해서 −2 V까지 한다. 주사 속도는 20 mV/s로 한다. 전해액이 2가지 종류이므로 2개의 전위창을 얻을 수 있다.

그림 2-7은 1.0 M NaCl 용액의 산화와 환원 전류가 발생하는 전위를 표기하는 전위이다. −0.8 V 부근에서 발생하는 반응은 수소가 형성되는 환원 반응이다. 산화 반응은 화살표로 표기된 2개의 반응인데, 1.2 V(빨간색 화살표)와 1.7 V(검은색 화살표)에서 반응이 시작된다. 염소와 산소의 반응인데, 앞서서 소금물 전기분해는 수소와 염소가 발생한다고 하였기 때문에 빨간색 화살표가 염소 발생이란 것을 암시한다. 하지만, 이것이 실제 염소 발생이란 것은 어떻게 확인하는가? 전해염에 음이온 중에서 쉽게 산화되지 않는 전해염을 골라서 전해액을 준비한 뒤 LSV를 측정하여 앞서 측정한 그림 2-7의 그림을 겹쳐서 그린다. 이런 목적으로 Na_2SO_4 전해액을 사용하였다. 황산 음이온의 산화는 어렵기 때문에 산화할 때 산소만 발생한다. 소금물의 산화에는 염소와 산소의 발생이 일어나고 Na_2SO_4의 산화는 산소만 발생하므로 2개의 전해액의 차이는 염소의 발생이다.

그림 2-8의 1.2 V에서 발생하는 산화 전류는 염소 발생의 시작을 알려주고 1.7 V는 산

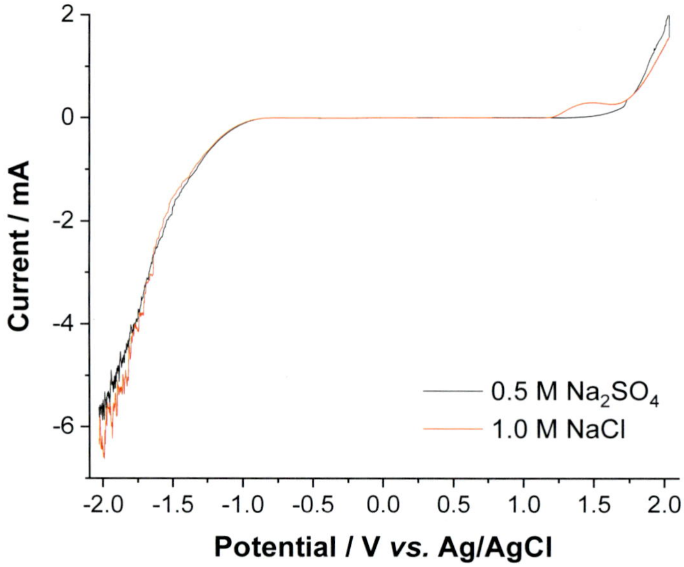

그림 2-8 NaCl과 Na_2SO_4 수용액의 전위창 비교.

소의 발생을 표기한다. 1.7 V에서의 전류는 염소와 산소의 전류가 혼합되어 발생하므로 산소의 발생은 1.7 V보다 조금 일찍 발생하겠지만, 이 그래프에서 염소와 산소 발생의 전류를 구분하기 어렵기 때문에 서로의 발생비율을 알기 어렵다. 정량 분석을 위해 기체 크로마토그래피(GC)를 실시할 수도 있다.

4 실험 결과 및 토의

① 그림 2-7, 2-8과 같은 측정을 한 후, 동일한 형태의 그림을 그려본다.

② 그림 2-7에서 관찰한 염소의 발생 전류가 관찰되는지 확인한다.

③ 위 그래프의 전위는 Ag/AgCl 기준 전극으로 표기하였다. 이 전위를 표준 수소 전위(S.H.E)로 표기해 본다.

④ NaCl의 환원과 산화의 발생 전위(onset potential)를 확인하고, 이 전위들과 각 반응의 이론 전위(수소 발생, 염소 발생, 산소 발생)와 비교한다.

⑤ 이론 전위와 실제 발생 전위의 차이(과전위)가 얼마나 되는지 확인한다.

⑥ 해수의 전기분해를 통해서 H_2와 염소만 발생시키려고 하면 어떻게 하면 될지 토의한다.

⑦ 용액 속에는 H^+ 이온보다 Na^+ 이온이 훨씬 많다. Na^+의 환원 대신 H^+의 환원이 일어나는 이유를 토의한다.

실험 5-3. 전위창 내에서 전기화학적으로 산화(반응)하는 물질의 LSV를 통한 정량

1 이론

철 이온은 수용액에서 빠른 전기화학 반응 속도를 보여주어 LSV를 통해서 얻어지는 전류가 철 이온의 농도와 비례 관계가 잘 형성된다. 농도가 다른 다수의 철 표준 용액을 만들고 각 용액의 LSV에서의 봉우리 전류(peak current(I_p))를 측정한다. 봉우리 전류 vs. 농도의 그래프를 그리고, 이 교정 곡선을 사용해서 미지의 철 용액 농도를 정량을 실시한다.

철 용액의 전기화학 반응을 관찰하기 위해 바탕 용액을 1 M H_2SO_4 수용액을 사용하였다. $FeSO_4$가 산화되어 Fe(II) → Fe(III)의 산화수가 증가하는 상태를 관찰하기 위해서는 전압을 (+)방향으로 주사한다. 사용한 바탕 전해질에 공통 음이온이 있음을 인지한다. 만약에 다른 음이온이 포함된 전해질을 사용한다면, $FeSO_4$와는 다른 분자가 형성되므로 의도했던 정량을 하지 못할 수 있다. Fe(II)의 산화를 관찰하기 위해서는 철 이온이 산화하는 전압 영역에서 전해액(바탕 용액)의 산화가 관찰되지 않아야 한다. 전해액의 산화가 발생하면 산화 전류에 철 이온의 산화 + 전해액의 산화가 함께 반영된 전류가 관찰되며 두 종류의 전류는 쉽게 구분할 수 없다. 그림 2-9와 같이 바탕 용액의 LSV

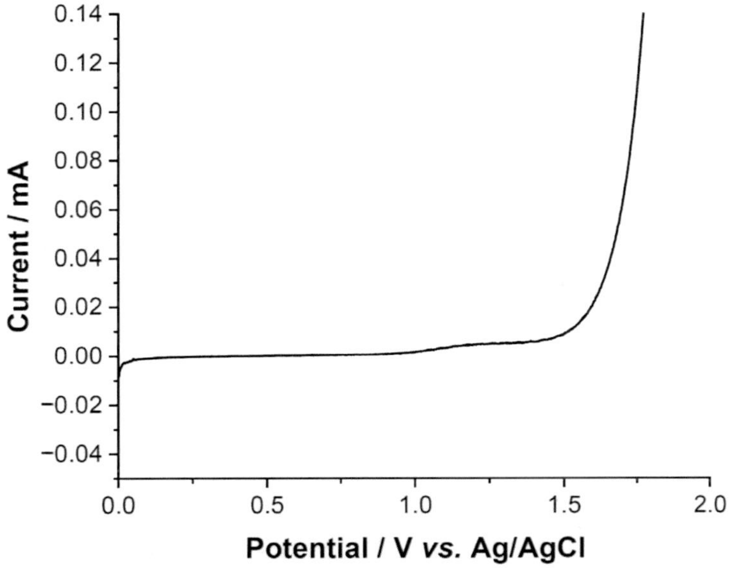

그림 2-9 H_2SO_4 수용액의 전위창.

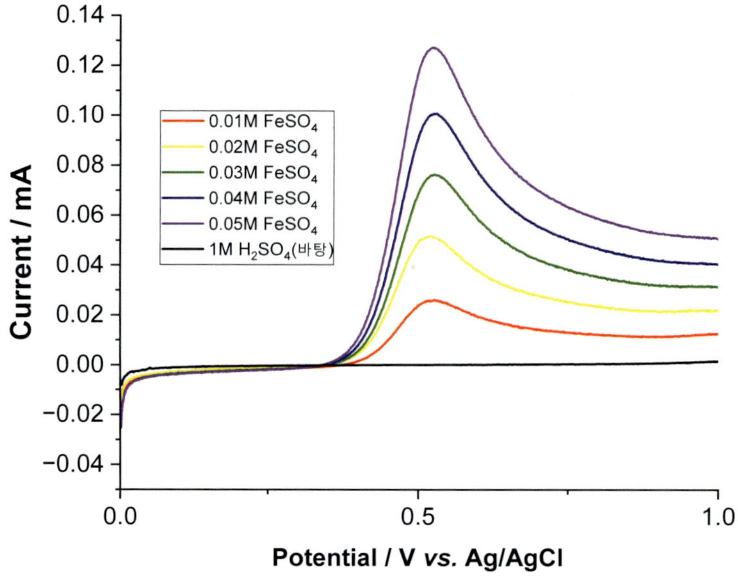

그림 2-10 $FeSO_4$의 산화 전류의 농도 의존성. 바탕 용액의 LSV와 동일한 조건에서 측정된다.

는 0 V에서 +1.5 V까지 산화 전류가 미미하다. 그리고, 1.5 V에서부터 바탕 용액의 수전해에 의한 산소 발생 전류가 관찰된다. 약 1.5 V 폭에 해당하는 전위창(전위폭)에서 철뿐만 아니라 다른 물질의 산화 및 환원 반응의 전류를 관찰할 수 있다.

5개의 농도가 다른 용액을 만들어서 0 V에서 1.0 V 까지 전압을 주사하여 관찰하며 봉우리 전류를 각 농도 별로 구한다. 이때 전압의 주사 속도는 20 mV/s이다(그림 2-10). $FeSO_4$ 용액들에는 모두 1 M H_2SO_4가 공통으로 포함되어 있다. 주사 속도는 느릴수록 정확하고 오차가 적다. 하지만, $FeSO_4$처럼 반응 속도가 빠른 물질은 주사 속도를 20 mV/s로 해도 문제가 없다. 속도를 빠르게 할 수 있는 반응이라면, 주사 속도를 증가시키면 측정 시간을 단축할 수 있다.

각 용액의 봉우리 전류를 그림 2-11과 같이 도시하고 전류 vs. 농도의 데이터의 직선을 구할 수 있으며, 이 데이터로 교정 곡선의 식을 구할 수 있다. 전류와 농도의 선형 비례 관계에 따라 미지 시료의 봉우리 전류를 구하면 그 시료의 농도를 알 수 있다. 교정 곡선의 조건은 위의 그림과 같이 직선을 만족하는 농도 영역에서만 정량이 가능하다. 농도가 아주 진해지면 물질이 전극으로 확산에 의해 공급되는 속도가 농도와 비례하지 않을 수 있다. 따라서 정량을 할 수 있는 농도의 한계가 있음을 미리 알고 실험에 임해야 한다. 봉우리 전류는 각 용액에서 얻어지는 봉우리 전류값을 바로 사용해도 된다. 다만,

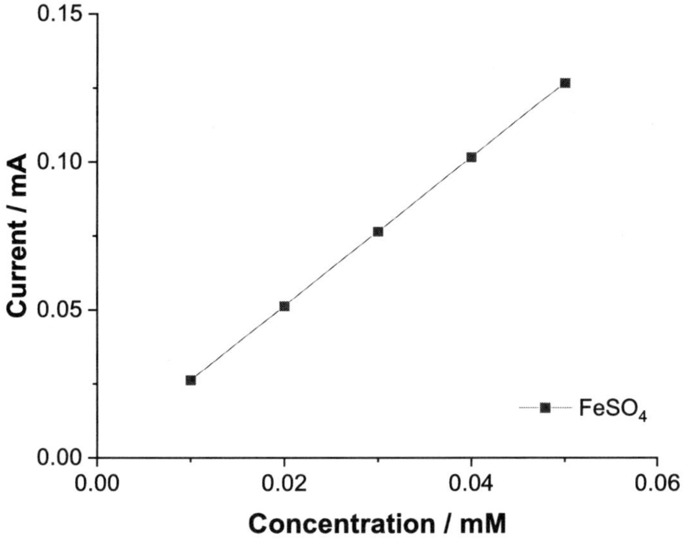

그림 2-11 $FeSO_4$의 산화 전류의 농도 의존성.

봉우리 전입에서의 바닥 진해질의 진류가 무시할 수 없을 만큼 크다면, 봉우리 전류에서 바탕 전류만큼을 빼주는 바탕 보정을 한 후 교정 곡선을 만들어야 한다. 그림 2-11의 직선은 바탕 보정을 하지 않고 얻은 결과이고 미지 용액의 농도를 쉽게 얻을 수 있을 정도로 직선성을 보여준다.

2 기구 및 시약

증류수, Pt 작업 전극, Pt wire(보조 전극), Ag/AgCl 전극(포화 KCl) 또는 SCE(포화 칼로멜 전극), $FeSO_4$, 1.0 M H_2SO_4, 전기화학 셀(유리 비커와 실리콘 마개). 실리콘 마개는 비커 내경에 맞도록 자르고, 실리콘에 3개의 구멍을 만들어서 전극 3개가 고정되도록 한다.

3 실험 과정

① 지지 전해질 1.0 M H_2SO_4를 준비한다.

② 지지 전해질을 사용해서 0.01, 0.02, 0.03. 0.04, 0.05 M $FeSO_4$ in 1M H_2SO_4를 준비한다.

③ ②에서 준비한 5가지 용액을 이용해서 전기화학 셀을 설치한다.

④ 시작 전압은 OCP로부터 1 V까지 20 mV/s 속도로 주사한다.

⑤ 지지 전해질을 사용하여 ④를 실시한다. 이때 바탕 전류를 얻는다.

⑥ 각 LSV로부터 얻어진 봉우리 전류로 그림 2-11과 같은 그래프를 그린다.

⑦ 지지 전해질의 전류만큼 바탕보정을 하여 그래프를 그린다.

⑧ 감독자는 0.01에서 0.05 M 사이의 미지 농도의 $FeSO_4$를 제조하여 시험자에게 제공하여 농도를 정량하게 한다(1.0 M H_2SO_4 바탕 용액을 사용한다).

⑨ 감독자가 알고 있는 미지 농도와 실험자가 얻은 농도를 비교한다.

4 실험 결과 및 토의

① 두 가지 다른 농도의 미지 시료에서 얻은 전류값을 얻는다.

② 미지 시료의 전류값에 해당하는 농도를 보고한다.

③ 감독자가 알고 있는 농도와 비교하여 그 차이에 대해서 토의하며, 오차를 개선하는 방법을 보고한다.

실험 6 **순환 전압전류법**

실험 6-1. 순환 전압전류법

1 이론

실험 5의 LSV는 한쪽 방향으로만 전압이 주사되는 반면에 순환 전압전류법(cyclic voltammetry, CV)는 주사 방향을 +방향과 −방향이 함께 사용되어 시작 전압으로 다시 돌아오게 전압을 주사한다. 전압의 주사 방향이 변하는 순간(t_1, t_2, t_3, t_4)에 그림 2-12와 같이 대칭적인 삼각형 모양이 될 필요는 없다. 이때의 주사의 방향을 바꾸는 전압(switiching potential)이 필요에 따라 매 사이클 상이할 수 있으며, 주사 속도(시간에 따르는 전압의 변화 속도)도 매 사이클 다를 수 있다. 본 실험에서는 실험의 편의를 위해서 그림 2-12와 같이 대칭적인 전위 주사를 실시한다.

그림 2-12는 CV에서 전압이 주사되는 형태를 보여준다. 전압이 변화하는 속도(주사 속도), 시작 전압(initial potential), 전환 전위(switiching potential)를 조절하여 관찰하려는 반응에 맞는 조건을 찾는다. 실험 조건은 실제 용액과 셀을 설치 후에 이 주사 조건들을 변화시키는 실험을 통해서 얻어낸다. CV는 전압을 순환 주사하므로 용액 속에 관찰 물질을 산화(또는 환원)시키고 이 물질이 확산에 의해서 전극에서 멀어지기 전에 환원(또는 산화)을 시켜서 산화와 환원 반응의 상대 속도를 관찰할 수 있다. 산화와 환원

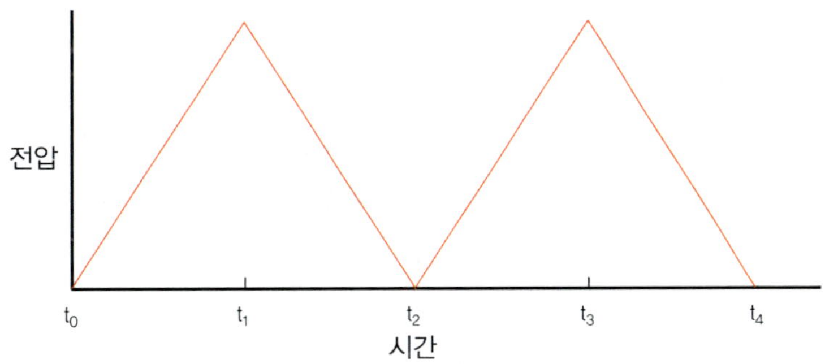

그림 2-12 순환 전압전류법에서의 전압 주사 형태.

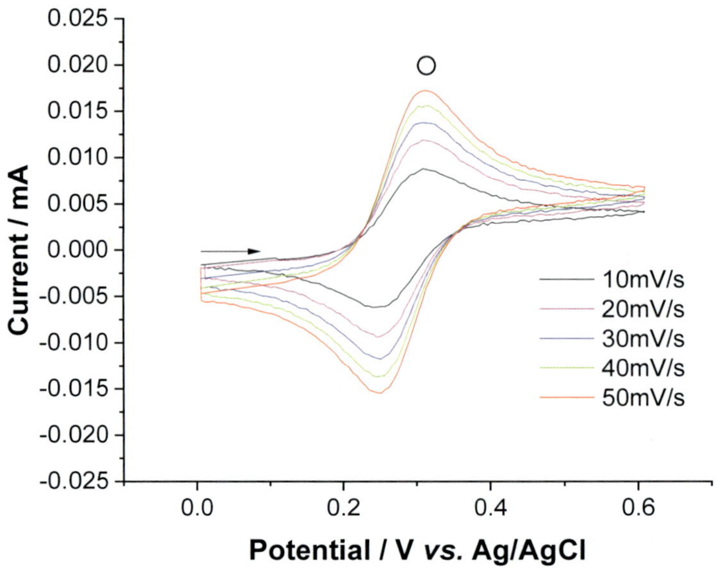

그림 2-13 $K_4Fe^{II}(CN)_6$ 수용액의 주사 속도 변화에 따른 CV 곡선. 4 mM $K_4Fe^{II}(CN)_6$ in 1 M KCl 수용액, 작업 전극 Pt 전극, 보조 전극 Pt 전극, 기준 전극 Ag/AgCl(포화 KCl용액) 전극.

반응의 속도가 빠른 물질일 경우에는 주사 속도를 빠르게 변화시켜도 산화와 환원의 봉우리 전류의 비가 거의 비슷하게 관찰될 수 있다. 산화와 환원의 반응 속도가 빠른 물질의 예시로서 $K_4Fe^{II}(CN)_6$ 수용액을 실험에 사용하였다. 그림 2-13은 주사 속도가 다른 CV 측정 곡선들을 중첩하여 보여준다.

$K_4Fe^{II}(CN)_6$ 용액의 전압 주사를 0 V에서 시작해서 0.6 V까지 진행했다가 전위 방향을 (−)방향으로 변환한 후 다시 0 V에서 종료하는 것이 1 cycle(1주기)의 전압 순환이다. 전압을 주사하면 각 전압의 위치에 따라 전류의 크기(반응 속도)가 다르며 0 V에서 0.6 V로 진행할 때 전류가 증가했다가 감소하는 봉우리가 발생하는 봉우리 전류(peak current, I_p)를 형성하는데 이 봉우리가 발생하는 전압을 봉우리 전압(peak potential, E_p)이라고 한다. 봉우리 전압은 물질마다 고유한 값이므로 동일한 지지 전해질을 사용하였다면, 간접적인 정성분석의 수단이 된다. 순환 전압전류법의 봉우리 전압은 미지의 시료의 성분을 알려주는 역할을 하지 못하지만, 알고 있는 몇 개의 시료 중에 각 봉우리는 어떤 시료에 해당하는지를 구분하는 역할은 할 수 있다. 마치, 분광광도법의 흡광 봉우리를 이용하여 간접 정성을 하는 것과 유사하다.

그림 2-13에서 전환 전위를 0 V에서 0.6 V까지 결정하는 요령에 대해서 설명하면 우

선, 봉우리 전압들을 기준으로 양쪽으로 대칭이 되도록 전환 전위를 정한다. 전압의 범위는 전위창의 한계 내에서 최대한 넓히면 아무런 문제가 없다. 그렇지만, 필요 이상의 넓은 범위의 전압을 주사하면 시간 소요가 많을뿐더러, 전류가 거의 발생하지 않는 영역에서는 필요한 정보를 얻을 수 없다. 그래서 가능하면 전압 주사 영역을 좁히는 것이 좋은데, 너무 좁히면 각 반응에서 관찰할 수 있는 특성이 왜곡될 수 있으므로, 여러 번 주사하여 합당한 전압 영역을 정하는 것이 좋다. 그림 2-13과 같이 정해진 전환 전위(0.6 V와 0 V)에서 전압의 방향이 바뀔 때의 전류는 날렵하게 연결된 모습이다. 반면에 전압 영역을 더 좁게 하면 전환 전위에서 전압의 주사 방향이 바뀔 때 전류가 수직으로 떨어지면서 반대 전위로 진행하는 경우가 있다. 이러한 경우에는 반응이 활발한 전압에서 전환한 경우이므로 전압 폭을 넓히는 것이 좋다. 전압 폭이 너무 좁으면 봉우리 전류가 작아져서, 물질이 낼 수 있는 최대치로부터 제한된 특성을 보일 수 있다.

그림에서 전압 주사는 화살표로부터 시작하여 전류가 증가하는데 전압이 (+) 방향으로 진행될 때 발생하는 전류를 산화 전류라고 한다. 동그라미 기호로 표기된 위치는 산화 반응의 봉우리 전압이다. 산화 전류의 값은 (+) 전류값으로 표기하였다. 전압의 주사 방향을 바꾸어서 (−) 전류값을 가지는 전압 주사 영역은 환원 전류를 발생시키는 환원 반응이다. 산화 반응과 환원 반응은 다음과 같다.

산화 반응: $K_4Fe^{II}(CN)_6 \rightarrow K_3Fe^{III}(CN)_6 + e^- + K^+$ (2-13)

환원 반응: $K_3Fe^{III}(CN)_6 + e^- + K^+ \rightarrow K_4Fe^{II}(CN)_6$ (2-14)

$K_4Fe^{II}(CN)_6$(potassium ferrocyanide)의 전자가 전극으로 빼앗긴 후 $K_3Fe^{III}(CN)_6$(potassium ferricyanide)가 생성되고 생성된 $K_3Fe^{III}(CN)_6$에 전극을 통해서 전자가 제공되어 시작 물질인 $K_4Fe^{II}(CN)_6$로 환원된다.

반응식에서 산화/환원에 관여하는 물질은 $K_4Fe^{II}(CN)_6$와 $K_3Fe^{III}(CN)_6$이다. 패러데이 반응에 직접 관여하지는 않지만, 없어서는 안 될 물질이 K^+ 이온이다. K^+는 지지 전해질 KCl을 통해서 공급하고 K^+ 이온의 공급 속도가 문제가 되지 않도록 충분한 양을 제공한다. 농도가 너무 낮으면 반응 속도에 비해 이온이 공급되는 확산 속도가 충분하지 못하여 합당한 전류를 관찰할 수 없게 된다. 실험에 사용되는 $K_4Fe^{II}(CN)_6$와 KCl를 농도비는 수백 배 차이가 나도록 용액을 준비한다(예로, 본 실험은 약 250배가 되도록 준비하였다).

CV로부터 얻어진 전압 vs. 전류 그래프를 순환 전압전류 그림(cyclic voltammogram)이라고 하며, $K_4Fe^{II}(CN)_6$의 산화 및 환원 사이클은 봉우리 모습이 대칭적인 모습을 보여 준다. 산화 봉우리 전류(I_{pa})와 환원의 봉우리 전류(I_{pc})는 거의 동일하다. 이러한 모형을 제공하는 반응을 전기화학적 가역 반응이라고 하고 가역 반응의 산화와 환원의 반응 속도가 활물질의 확산 속도보다 훨씬 빠른 반응쌍을 의미한다. 가역 반응은 다음의 조건을 동시에 만족하는 것으로 판정한다.

첫째, ΔE_p = 산화 봉우리 전압(E_{pa}) − 환원 봉우리 전압(E_{pc}) = 0.059V/n (반응에 참여하는 전자의 개수)
둘째, 주사 속도를 증가시켜도 ΔE_p의 값은 변화하지 않는다.
셋째, 주사 속도에 관계없이 $I_{pa} = I_{pc}$

그림에서 측정된 ΔE_p는 약 59 mV이므로 이론적인 가역 반응의 값과 근사한 값이고, 주사 속도의 변화에 따른 ΔE_p 값의 변화도 없으며, 각 주사 속도에서의 산화와 환원 봉우리 전류값도 거의 동일하다. 측정에 사용한 $K_4Fe^{II}(CN)_6$와 $K_3Fe^{III}(CN)_6$는 대표적인 가역 반응의 쌍이다. 사용한 물질의 농도 및 전해질 농도에 따라 측정치는 조금씩 달라질 수 있으며, 관찰된 순환 전압전류 그림은 가역 반응의 범주에 속한다.

다음의 Randles-Sevcik 식(식 2-15)은 CV의 측정에서 가역 반응을 보여 주는 물질에 적용되는 식이다.

$$i_p = 0.4463\, nFAC\left(\frac{nFvD}{RT}\right)^{1/2} \qquad (2\text{-}15)$$

용액의 온도가 25 °C라고 하면

$$i_p = 2.69 \times 10^5 n^{2/3} AC\sqrt{Dv} \qquad (2\text{-}16)$$

i_p : 봉우리 전류, A
n : 산화 또는 환원 반응식에서 전자의 개수
A : 전극 면적, cm^2
F : 패러데이 상수
D : 확산 계수, cm^2/s
C : 농도, mol/cm^3

ν: 주사 속도, V/s

R: 기체 상수, J K^{-1} mol^{-1}

T: 켈빈온도

농도, 전극 면적, 온도 등은 측정 조건에서 제공되는 상수이다. 각 매개변수(parameter)의 단위는 실험에 적용된 값과 동일하지 않으므로, 값들의 단위를 모두 주의하여 적용한다. 주사 속도를 변화시켜서 얻어낸 여러 개의 봉우리 전류, i_p(산화 또는 환원)와 (주사 속도)$^{1/2}$에 선형관계로부터 확산 계수를 구할 수 있다. 특히, 3번째 조건인 주사 속도와 관련 없이 산화와 환원의 봉우리 전류가 동일하다는 조건은 반응 속도가 엄청나게 빠른 것을 의미한다. 용액 속에는 $K_4Fe^{II}(CN)_6$만 존재하는데 전극 근처의 일부 $K_4Fe^{II}(CN)_6$만 산화하여 $K_3Fe^{III}(CN)_6$가 발생하고 이 산화물질이 재환원하는 전류가 동일하다는 것은 산화에 의해 발생한 거의 모든 $K_3Fe^{III}(CN)_6$가 다시 환원 반응에 참여했다는 것을 의미한다. 이런 관찰이 되기 위해서는 전극에서 발생한 $K_3Fe^{III}(CN)_6$가 확산에 의해서 전극으로부터 멀어지기 전에 환원되어야 하므로 확산 속도보다는 월등히 빠른 산화와 환원 속도를 의미한다. 다만 주사 속도가 너무 느려서 일부 물질이 확산되는 충분한 시간을 제공할 경우에는 산화와 환원의 봉우리 전류가 동일할 수 없다.

그림 2-13에는 순환 전압전류 그림에서 주사 속도가 다른(10, 20, 30, 40, 50 mV/s) 그래프들이 있다. 아울러 각 그래프의 산화 봉우리 전류들을 이용하면 $Fe^{II}(CN)_6^{4-}$의 확산 계수를, 환원 봉우리 전류들을 이용하면 $Fe^{III}(CN)_6^{3-}$의 확산 계수를 구할 수 있다. 다만, 식 (2-15)에는 농도항이 있는데, 물질 중에 농도를 알고 있는 물질에 해당하는 것이므로, 출발 물질의 확산 계수를 측정하는 것이 수월하겠다. 순환 전압전류 그림에서 산화 봉우리 전류와 (주사 속도)$^{1/2}$를 도시하면 그림 2-14와 같이 된다. 그림에서 얻어진 직선의 기울기는 Randles-Sevcik 식에서 전류(y축)와 (주사 속도)$^{1/2}$를 제외한 모든 매개변수를 곱한 값과 같다. 측정된 온도 적용과 전극의 연마는 실험값의 정확성을 향상시키는데 도움을 준다.

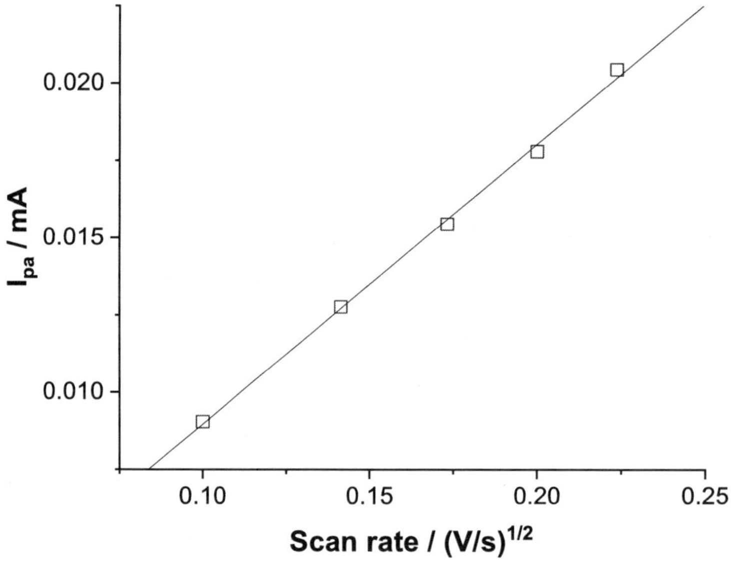

그림 2-14 $K_4Fe^{II}(CN)_6$ 산화 봉우리 전류와 (주사 속도)$^{1/2}$의 직선.

2 기구 및 시약

$K_4Fe^{III}(CN)_6$, KCl, 증류수, Pt 작업 전극, Pt 보조 전극, Ag/AgCl 기준 전극, potentiostat, 4 mM $K_4Fe^{III}(CN)_6$ in 1 M KCl 수용액.

3 실험 과정

① 전기화학 셀에 4 mM $K_4Fe^{III}(CN)_6$ in 1 M KCl 수용액을 밀어 넣는다.

② 작업 전극, 보조 전극, 기준 전극을 셀의 마개 구멍에 고정되도록 설치한다. 작업 전극과 기준 전극을 최대한 가깝게 배치한다.

③ 보조 전극의 전극크기는 작업 전극보다 큰 수준이 되도록 전극을 준비한다. LSV나 CV 실험에서 사용된 원형 작업 전극을 사용했다고 하면, 보조 전극은 작업 전극보다 표면적이 큰 Pt wire를 사용하면 적당하다. 작업 전극에서의 반응 속도(전류)를 관찰하는 상황에서는 보조 전극의 표면적이 훨씬 넓어야만, 작업 전극의 반응을 제한하지 않는다(그림 2-3 참조).

④ 셀이 준비되면 0 V에서 0.6 V로 전압을 주사하고 0 V로 전압을 순환하며 주사 속도

10mV/s로 순환 전압전류 그림을 측정한다.

⑤ ④와 동일한 실험을 주사 속도 20, 30, 40, 50 mV/s로 측정하여 그래프를 얻는다.

⑥ 각 주사 속도별 산화 봉우리 전류, 환원 봉우리 전류를 기록한다.

⑦ 바탕 전류를 보정한다. 각 주사 속도마다 바탕 전류가 동일하지 않다. 산화 반응은 0 V(시작 전압)에서의 전류가 바탕 전류이다. 마찬가지로 환원 반응도 시작 전압(0.6V)에서의 전류가 바탕 전류이다. 산화 반응의 경우 바탕 전류는 0 V에서 전압이 증가하여 봉우리 전류를 형성하는데 0 V 부근에서의 바탕 전류의 연장선을 긋는다. 연장선과 봉우리 전압에서의 봉우리 전류의 차이가 보정된 봉우리 전류이다.

봉우리 전류의 바탕 보정을 하는 요령은 그림 2-15와 같이 연장선을 이용해서 봉우리 전압에서의 봉우리 전류값과 연장선(바탕 전류)의 차이를 통해서 구한다. 검은색 화살표가 산화 봉우리 전류, 빨간색 화살표가 환원 봉우리 전류에 해당한다.

⑧ Randles-Sevcik 식을 이용하여 확산 계수를 계산한다. 계산된 수치와 참고문헌의 수치를 비교하여 각자의 측정이 유효한지 확인한다($Fe^{II}(CN)_6^{4-}$의 확산 계수는 산화 봉우리 전압에서 측정될 수 있으며, 보고된 확산 계수[1]는 0.67×10^{-5} cm^2/s 이다).

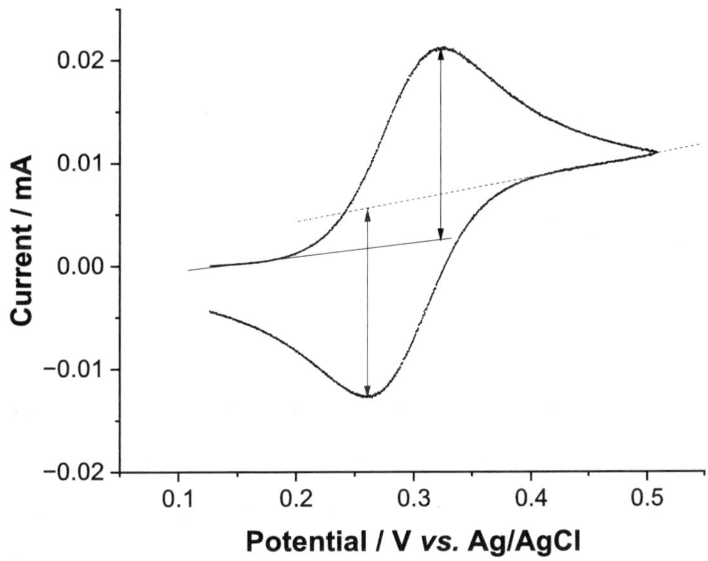

그림 2-15 봉우리 전류의 바탕보정의 예시.

1) S. J. Konopka and Bruce McDuffie, *Analytical Chemistry*, 42(1970), p.1741.

실험(그림 2-14)에 사용된 농도는 4 mM이었으며, 농도가 더 진해질수록 농도에 의해 확산 계수가 영향을 받아, 이상적인 가역 반응의 조건에서 멀어질 수 있다. 그러므로, 진한 농도를 지양하고, 수 mM 영역의 농도에서 측정하도록 한다. 확산 계수는 철 이온들의 농도에 의존성은 조금 있지만, 농도가 진하지 않은 경우(예, 10 mM 이하) 위의 방법으로 측정된 확산 계수를 이용해서 미지 용액의 $Fe^{II}(CN)_6^{4-}$의 농도를 정량할 수 있다. 산화와 환원의 반응 속도가 빠른 가역 반응은 이상적이며 이론적으로 정의하기 용이하지만, 대부분의 반응은 반응 속도가 느린 반응들이며 환원과 산화의 반응 속도의 차이도 크다.

순환 전압전류법과 Randles-Sevcik 식은 반응 속도가 빨라서 조금의 전압 변화(예, 전압 주사)를 준다고 하더라도 아주 빠르게 평형에 근접하게 하는 반응에 대한 설명이다. 반응 속도가 빠르므로 전류는 주로 질량 확산(물질이 전극에 공급되는 속도)에 의존한다. 이와 반면에, 반응 속도가 느린 경우는 반응 속도 그 자체가 우선적으로 전류에 영향을 준다. 과전위를 아주 크게 하면 반응 속도가 충분히 빨라져서 물질의 확산 속도에 의존하는 전류(확산 전류)를 관찰할 수 있다. 버틀러-볼머 식과 타펠 도시(Tafel plot)를 이용해서 평형에서의 전류(i_0, exchange current), 표준 반응 속도 상수(standard rate constant, k^0), 전자 전달 저항(charge tranfer resistance, R_{ct})를 측정할 수 있다. 이를 통해서 측정된 조건에서 여러 반응의 반응 속도를 상대 비교할 수 있다. 이 책 후반의 타펠 도시 실험을 통해 교환 전류 측정을 배울 것이다.[2)3)]

실험 6-2. 전류와 확산

1 이론

전기화학 셀에는 3개(또는 2개)의 전극이 사용되고 전극들은 전해액과 접촉하고 있다. 전기화학 반응은 전자 전달을 하는 반응이므로 전극이 용액을 접촉하는 계면(경계면)에서 먼 거리에 있는 용액은 전자가 이동할 수 없어 전기화학 반응이 관찰될 수 없다. 3전극 전기화학 셀의 모형에 기준 전극(reference electrode, R), 작업 전극(working electrode, W), 그리고 보조 전극(counter electrode, 또는 auxiliary electrode, C)을 설치

2) A. J. Bard, L. R. Faulkner, *Electrochemical Methods*, 2nd ed. Jonh Wiley & Sons (2001)
3) 『전기화학 제4판』, 오승모, 자유아카데미(2023)

한다. 기준 전극과 작업 전극의 거리는 최대한 가까이 두고, 작업 전극과 보조 전극은 상대적으로 멀리 둔다. 작업 전극과 기준 전극 간의 거리가 멀어질수록 전해액의 저항만큼 인가되는 전압 오차가 발생한다. 이를 줄이기 위해서 두 전극 간의 거리를 좁히며, 더 줄이기 위해서 루긴 모세관을 사용한다. 많이 사용하는 작업 전극의 표면은 원통형 몸체에 원형 전극으로 이루어져 있다(그림 2-16). 몸체는 전기화학적으로 안정한 고분자 소재들(테프론, PEEK 등을 사용)을 사용하여 가공하고, 가운데에 원형의 금속 또는 도체가 테프론의 사이로 용액이 침투할 틈이 없게 밀착되게 장착되어 있다. 원통형 몸체의 바닥에 원형 금속만 용액과 접촉하기 때문에 금속의 반지름을 측정하면 전극의 면적(기하학적 면적)을 알 수 있다. 금속의 면에 거칠기가 존재하므로 반지름으로 계산된 면적이 전극의 거칠기가 포함된 면적과 동일하지 않지만, 표면을 최대한 연마하여 반지름으로 계산된 면적을 전극 면적이라고 인정하고 사용하는 경우가 많다. 광학현미경으로 관찰하면 거칠기가 관찰되지만, 통상적인 경우에는 이를 고려하지 않는다. 표면적의 영향을 고려해야 하는 아주 정밀한 측정을 하기 위해서는 거칠기 정도(roughness factor)를 측정하여 실제 면적을 다음과 같이 구한다.

$$\text{전극의 실제 면적} = (\text{기하학적 면적}) \times (\text{roughness factor}) \qquad (2\text{-}17)$$

이때 거칠기가 없는 완벽한 평면의 거칠기 정도는 1이며, 거칠기 없는 완벽한 평면은 특정한 단결정(예, 운모 mica) 등에서만 관찰된다. 앞서 설명하였듯이 전기화학 측정에서 연마한 전극의 거칠기 정도는 무시한다고 하였으므로 연마는 여러 가지 이유로 중요하다고 하겠다. 거칠기 정도를 측정할 수 있는 몇 가지 방법은 있지만, 여기에서는 다

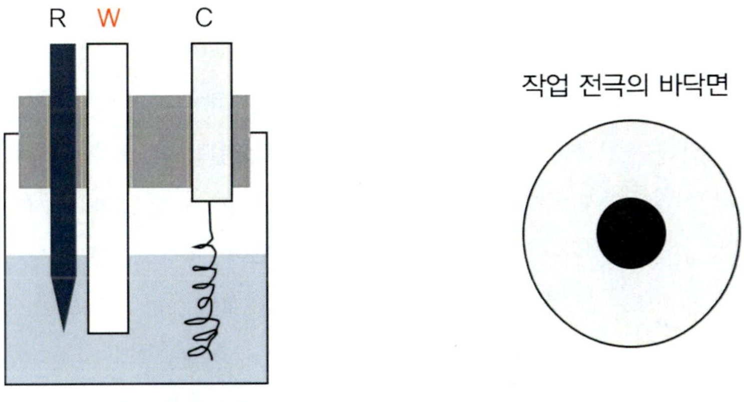

그림 2-16 3전극 셀의 전극 배치와 작업 전극의 바닥면.

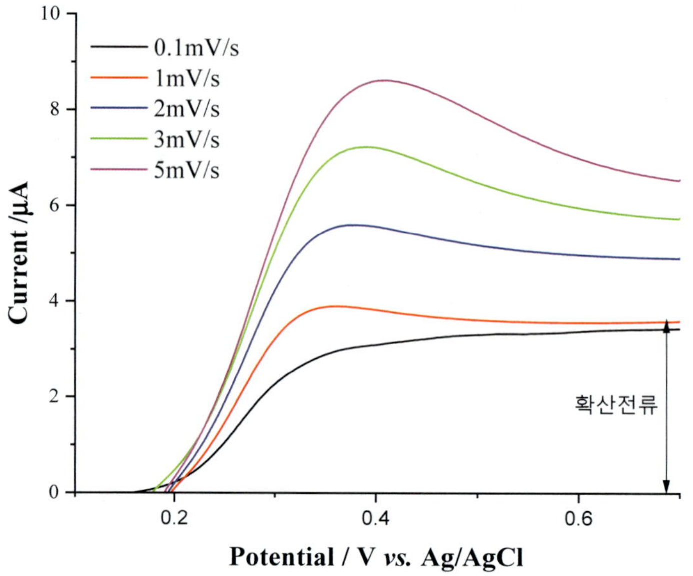

그림 2-17 $K_4Fe^{II}(CN)_6$의 주사 속도별 LSV.

루지 않겠다. 보조 전극은 작업 전극에서 발생하는 반응과는 전기화학적으로 반대 방향(작업 전극에서 산화 반응을 할 때 보조 전극은 환원 반응, 반대도 성립)의 반응이 진행되어 전체 셀의 전류가 흐르게 된다.

보조 전극은 작업 전극과 거리가 너무 가까우면 각 전극에서 발생한 물질들이 확산에 의해 반대쪽 전극으로 활물질을 공급하는 역할을 할 수 있으며, 이는 전류 및 반응에 영향을 줄 수 있으므로 거리를 조금 띄운다. 아울러 작업 전극의 전류 발생에 제한이 되지 않도록 그림 2-16과 같이 보조 전극의 단면적이 작업 전극보다 크고 물질들의 소통에 문제가 없는 형태인 스프링 또는 그물 모양으로 사용한다.

본 실험을 통하여 전압을 주사하는 속도에 따라 어떻게 전류가 증가하고, 어떻게 확산 전류로 수렴하는지를 설명한다. 주사 속도를 느리게 한 2개의 LSV(0.1, 1 mV/s)에서 전압 변화에도 전류가 일정한 확산 전류에 도달하였다. 주사 속도가 빠른 나머지 측정들에서는 주사 속도 증가에 따른 전류의 증가와 더불어 전압이 0.7 V에 도달해도 여전히 전류값이 감소하는(일정하지 않은) 상태를 보여준다. 전류는 활물질이 전극에 도달하는 확산 속도에 비례한다. 그림 2-18은 확산을 설명하는 그림으로, 전극에서의 활물질(active material)의 농도를 묘사한다.

그림 2-18은 전극으로부터 활물질의 농도가 거리에 따라 변하는 모습을 그린 것이다.

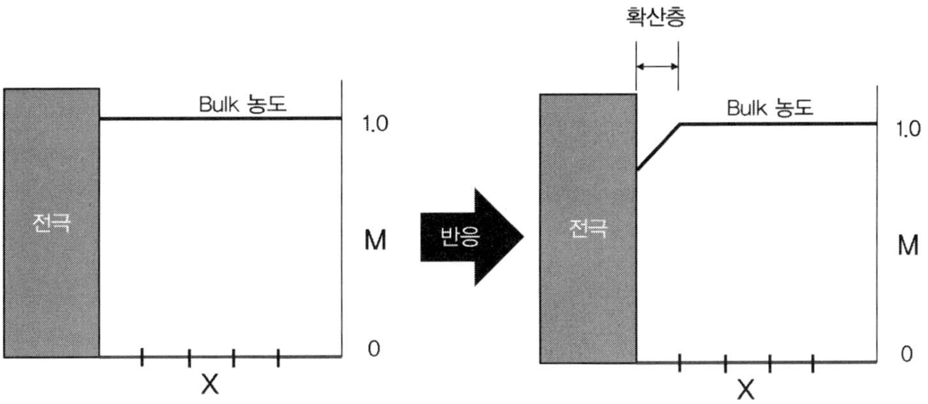

그림 2-18 반응이 시작될 때, 전극 표면에서의 활물질의 농도 변화.
X축은 전극 표면으로부터의 거리, Y축은 농도이다.

반응이 진행되지 않을 때는 전극 표면과 전극에서 거리가 먼 용액의 농도가 동일하다. 용액의 농도를 전극 표면 농도와 구분하기 위해 bulk 농도라고 한다. 전압을 조금 변화시켜서 반응이 시작되면 표면 농도가 bulk 농도에 비해서 조금 감소하며 전극에서 멀어지면 bulk 농도와 동일해진다. 전극 표면에서의 농도와 bulk 농도가 다르므로 활물질이 전극으로 확산되는 움직임이 발생한다. 확산 속도는 농도의 기울기와 비례하며 반응 초기는 그 기울기가 작으므로 확산 속도가 느리다. 반응이 아주 빠른 가역 반응은 활물질이 전극에 닿는 즉시 반응하므로, 활물질이 도착하는 속도(확산)에 비례하여 반응이 진행되고 확산 속도는 곧 전류로 표현된다. 이는 농도 기울기가 전류와 비례함을 의미한다.

그림 2-19는 산화 반응 속도를 더 높이기 위해서 전위를 (+)방향으로 증가시킬 때의 전류를 표현한 것이다. 주사 속도 0.1 mV/s를 사용한 이유는 천천히 전압을 변화시키는 속도와 확산층 두께가 변화하는 속도가 유사해서 봉우리 전류가 발생하지 않기 때문이다. 전위를 (+) 방향을 증가할수록 전극에서의 산화(전자를 빼앗는) 에너지가 증가한다. 반응 초기(a)는 확산층의 기울기가 작으므로, 느린 확산 속도에 의해서 전류가 낮다. 전위를 증가함에 따라 확산층의 폭도 조금 넓어지지만 전극 표면의 $K_4Fe^{II}(CN)_6$의 농도가 더 낮아져서 기울기는 더 커진다(b, c). 전위를 더 증가시키면 전극 주위에 활물질의 농도를 더 낮게 하여 기울기가 더 커지며(d), 일정 전압 이상(e)에서는 전극 표면의 활물질 농도가 0이 되어 기울기가 극대화된다. 전압 e에서의 그림처럼 표면에서의 농도가 0

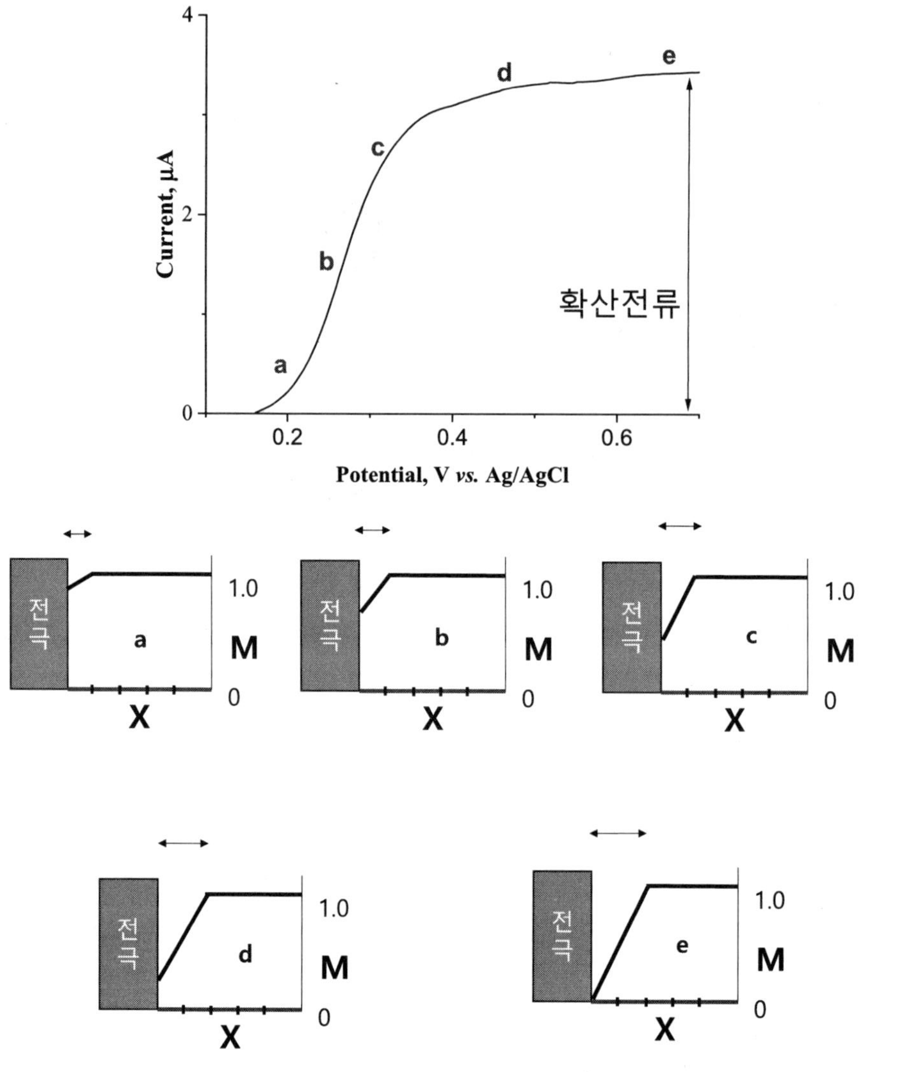

그림 2-19 주사 속도 0.1 mV/s 의 LSV 그림(그림 20-17)과 전압별(a, b, c, d, e) 활물질의 농도 기울기.

이 되고 전압이 증가하더라도 더 이상 확산층의 폭이 넓어지지 않는 균형이 발생하면, 전압을 증가시키더라도 활물질 소모 속도(전류)는 최대를 유지하게 된다. 이 상태의 전류를 확산 전류라고 한다.

LSV 곡선의 e 지점 이후에는 전류의 변화가 미미하다. 이는 확산층의 폭과 기울기의 변화가 미미한 상태이며 확산 전류에 도달한 상태이다. 확산 전류는 활물질의 확산 계수와 연관이 있으므로 용액에서의 활물질의 확산 계수를 측정하는 방법으로 이용된다.

확산 계수는 용액을 구성하고 있는 지지전해액과 활물질의 농도에 따라 다소의 차이가 있으므로, 측정하고자 하는 기준을 먼저 수립한 후, 확산 계수를 얻고 다른 물질과 상대 비교를 하는 것이 바람직하다.

느린 주사 속도(그림 2-19)와 다르게 빠른 주사 속도에서는 전압을 급격하게 증가시키므로 확산층의 두께가 증가할 시간이 부족하다. 확산층 두께의 변화는 작은 데 비해, 높아진 전압에 의해 전극 표면 농도가 더 낮아져서 농도의 기울기는 매우 커지므로 확산 속도가 빨라져 전류가 커진다(그림 2-20). 반면에 느린 주사 속도에서는 전압의 변화가 느려서 표면 농도의 감소가 낮고, 주사 속도가 확산층이 넓어지기에 충분히 느리므로 전극에서의 농도의 기울기가 작다.

그림 2-20의 LSV를 보면 0.1 mV/s 과 1 mV/s 실험의 곡선에서 주사 속도에 비해서 확산층 증가 속도가 느리기 때문에 발생하는 전류의 관찰할 수 있다.

LSV의 오른편의 그림에서는 주사 속도에 따른 확산층의 폭과 기울기를 표현한 것이다. 두 개의 그래프의 주사 속도는 10배이다. 주사 속도를 빠르게 할 때, 전위 변화는 빠른 반면에 확산 속도는 변함이 없기 때문에 전압 변화에 비해 확산층의 두께 변화가 작다. 위의 그림에서 0.1 mV/s에서의 확산층은 전위를 천천히 변화시키므로 확산층이 넓어질 시간이 충분한 반면 1 mV/s는 확산층 두께가 좁다. 반면에 주사 속도가 빠르므로 전극 표면의 전압은 0.1 mV/s에서의 전압보다 더 많이 변한다. 동일한 전압 변화 시점

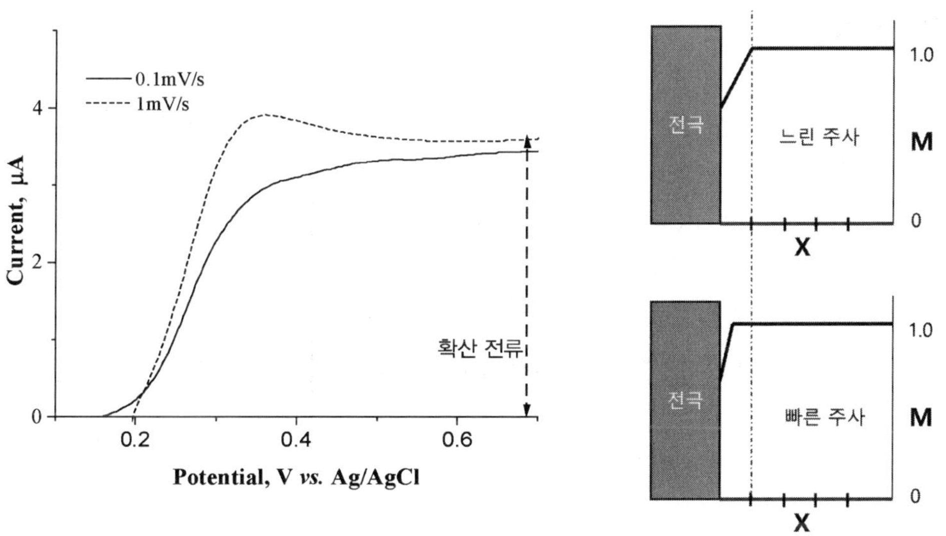

그림 2-20 주사 속도에 따른 확산층의 두께와 기울기.

을 비교하면 빠른 주사의 확산층 두께가 더 얇다. 그러므로 1 mV/s에서의 확산층 기울기가 더 크다. 큰 기울기(빠른 확산 속도)는 전류가 커지는 것으로 관찰되고, 빠른 주사 속도에서의 기울기 변화는 순간적으로 빠르게 변하므로 봉우리가 형성되기도 한다. 반면에 0.1 mV/s의 주사 속도에는 봉우리는 관찰되지 않는다. 전위의 변화와 확산층의 변화가 천천히 균형을 이루면서 기울기가 천천히 증가하여 봉우리를 형성하지 않는다. 확산 계수의 측정은 LSV의 확산 전류를 통해서 얻을 수도 있고, CV 측정에서 Randles-Sevcik 식을 이용해서 구할 수도 있다. LSV를 이용해서 확산 계수를 측정하는 방법은 미세전극(micro electrode)을 이용한 방법이 일반적이다. 반경이 수 μm인 미세전극이 수 mm 반경의 일반 전극보다 확산 전류 형성이 유리하기 때문이다. 확산 전류와 농도는 비례 관계가 있는데, 그림 2-20에서 측정된 확산 전류를 농도별로 측정하면 확산 전류 vs. 농도의 교정 곡선을 얻을 수 있다. 이를 이용해서 농도를 모르는 용액을 정량할 수 있다.

2 기구 및 시약

Potentiostat, 작업 전극(Pt 전극 직경 2~3mm), 보조 전극 pt wire, 기준 전극(Ag/AgCl, 포화 KCl 전극 또는 SCE(포화 칼로멜 전극)), $K_4Fe^{II}(CN)_6$, KCl, 증류수.

3 실험 과정

① 바탕 용액이 1 M KCl인 지지 전해질에 활물질 농도가 4 mM $K_4Fe^{II}(CN)_6$ 이 되도록 한다.

② 주사 속도가 느린 반응부터 시작하여 주사 속도가 빠른 반응을 측정한다. 주사 속도는 0.1, 1, 2, 3, 4, 5 mV/s로 하고 전압 구간은 0.15 V(또는 개방 회로 전압)부터 0.7 V까지 LSV를 측정한다.

③ 각 주사 속도에서 측정된 그래프를 1개의 그림에 그림 2-17처럼 겹치도록 그린다.

4 실험 결과 및 토의

실험 6-2는 CV 측정 시 확산층의 발생에 대해서, 그리고 봉우리 전압을 이해하기 위해서 LSV 측정 방법을 사용했다. 이 방법과 비교되어 주사 속도가 극단적으로 빠른 경우는 전위 계단(potential step, 시간전류법 참조)이다.

① 전압을 주사하면 농도 기울기가 발생한다. 확산층이 넓어지는 이유는 무엇인가?
② 0.1 mV/s에서 전압을 증가시켜도 전류가 일정한 확산 전류가 관찰된다. 전압을 변화시켜도 전류가 일정한 이유는 무엇인가?
③ 활물질의 농도를 변화시키면 확산 전류는 어떻게 달라지는가?

전기화학 측정에서의 전해액 사용

1 이론

전기화학 반응은 전자의 움직임을 이용하거나 측정하는 반응인데, 고체, 기체의 매질 속에서 이온의 움직임이 어려우므로 상대적으로 반응이 수월한 용액에서의 반응으로 설명한다.

전기화학 반응에서 측정되는 전류는 크게 패러데이 전류와 충전 전류(capacitive current) 2개로 구분한다. 패러데이 전류는 전기화학 셀의 구성물질(전극 또는 용액)이 산화 또는 환원이 되어 산화수가 변하는 순간의 전자의 흐름에 기인하는 것이다. 반면에 충전 전류는 도선을 따라서 전자가 이동하지만, 활물질로부터 산화수가 변하지 않는 상태까지의 변화에서 측정된 전류이다.

그림 2-21에 전기화학 셀에서의 하나의 전극과 그 주변의 이온 종류들을 간략하게 묘사하였다. 전극(작업 전극)의 전압에 변화(음의 방향)를 주어 전극에 전자가 풍부하게 하였다. 이 결과 전극은 음의 하전이 풍부해지므로 전극으로 양이온이 정전기적 인력에 의해서 모이게 된다. 전극의 대전에 의한 이온이 정전기적 인력으로 이끌리는 것을 이동(migration)이라고 한다. 이온이 정전기적 인력에 의해서 전극에 흡착하게 되고 이

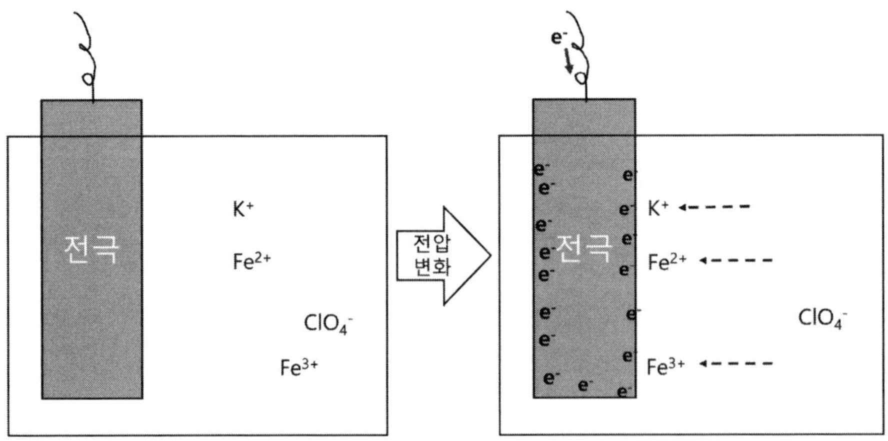

그림 2-21 전극과 이온의 이동.

온과 전극 간의 거리가 아주 가까워지며 전극은 (−)하전, 그리고 인접한 용액에는 이온에 의해서 (+)하전을 띄게 된다. 이와 같이 음의 하전과 양의 하전이 마주 보고 배치되는 것을 전기화학적 이중층(electrochemical double layer)이라고 한다. 도선을 따라 전자가 흐르고 축적된 전자에 의해서 이온의 흐름도 발생하였으므로 회로는 전류가 흐를 것이다. 이때, 용액 속의 물질의 산화수가 변하지 않았다. 전극은 전자를 흘려주는 매개체로서 금속 전극(예, 백금)을 사용하는데 이 전극의 산화수도 변하지 않았다. 이렇게 산화수가 변하기 직전까지의 전압까지 흐른 전류를 충전 전류라고 한다. 전압을 조금 더 음의 방향으로 증가시키면 전극에 축적된 전자의 에너지가 더 높은 상태가 되는데, 높게 증가된 에너지는 전극(고체)과 전해액(액체)의 계면(상이 다른 경계면)을 뛰어넘을 수 있는 에너지를 가지므로 전자가 전극에서 전해액으로 그림 2-22와 같이 전이된다.

그림 2-22와 같이 산화수(산화 상태)의 변화를 주게 되면 충전 전류에 흘렀던 전류에 추가되어 또 다른 전류가 흐르는데 이것을 패러데이 전류라고 한다. 패러데이 전류에는 전자가 참여하므로, 반응에 참여하는 전자의 개수와 반응물질의 양을 연관할 수 있는 관계식인 패러데이 법칙을 사용할 수 있다. 패러데이 전류를 발생시키기 위해서 전압을 (음의 방향으로) 증가시켰는데, 전압을 더 증가시키면 반응을 더 촉진시키므로 패러데이 전류가 더 증가한다. 우리가 관찰하는 LSV나 CV에서 전압을 증가시키면 전류가 증가하는 것을 관찰하는 것이다. 그림 2-22에서 환원할 수 있는 대상(양의 하전을 띠는)이 3가지가 있는데 이 3가지 모두 전극에 유인되지만, 전자를 얻은 것은 Fe^{3+} 이온만 해당한다. Fe^{3+}가 가장 환원되기 쉽기 때문이다. 만약에 Fe^{2+}나 K^{+}를 환원하려고 하면 더 큰 음의 값으로 전압을 계속 증가시켜야 된다. 하지만 전해액에 사용되는 용매나 환

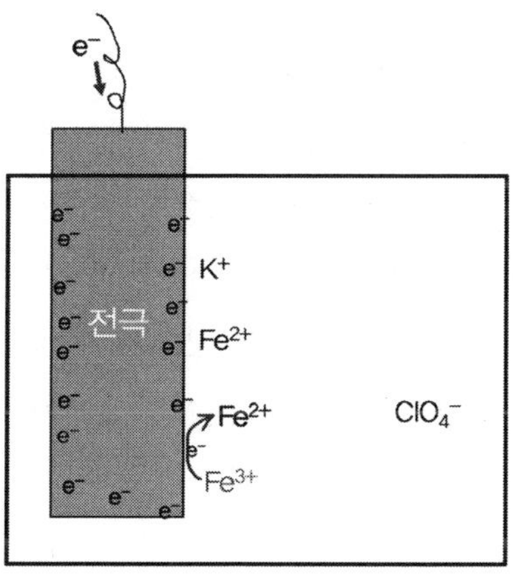

그림 2-22 패러데이 전류의 발생.

경에 따라서 이런 반응을 관찰하기 어려울 수 있다. Fe^{2+}, K^{+}가 환원되면 각각 Fe^{+}, K 금속이 되는데 수용액에서는 관찰하기 어렵다. K 금속은 물속에서는 물과 격렬하게 반응하여 수소 기체와 열을 발생(폭발)하는 높은 환원제이므로 물속에서 전기화학적으로 K 금속을 발생시키고 유지하는 것은 불가능하다.

실험에서 가장 많이 사용하는 용매는 물이다. 다루기 쉽기 때문이다. 전해액(electrolyte)을 구성하는 2가지 물질은 용매(solvent)와 전해염(salt)이다. 전해액과 전해질은 동일한 의미를 가지는데 전해질은 액체가 아닌 상까지 포함하므로 더 넓은 의미의 표현이다. 전해염은 전기화학적으로 산화나 환원이 일어나기 어려운 물질을 사용하여, 전기화학 반응을 관찰할 때, 용매나 전해염의 패러데이 전류는 발생하지 않고, 분석대상의 전류만 관찰되도록 고려한다. 다만, 앞에서 언급한 충전 전류는 전해염에 의해서 발생하는 것을 피할 수는 없으므로, 전류를 해석할 때 충전 전류의 기여가 있는 것을 잊지 말아야 한다.

전해염을 사용하는 이유는 측정대상 물질의 전기화학 반응을 용이하게 하기 위함인데, 전해염이 없다면 다음과 같은 문제가 발생한다. 즉, 측정대상물(electroactive material)에 의한 전류가 극히 낮아서 잡음(noise)과 구분이 되지 않는다. 편의상 작업 전극의 반응만 설명하였으나, 전기화학 반응은 전자를 주는 것(환원)이 있으면 전자를 빼앗기는 것(산화)이 짝을 이루어야 전류가 계속 발생한다. 산화와 환원의 연결고리가 끊어지면 아주 짧은 시간 동안 전류가 흐르다가 반응이 중단된다. 그림 2-22와 같이 환원 반응의 반대되는 반응은 보조 전극(counter electrode)에서 짝을 이루며 발생한다. 산화가 일어나면 (+)하전이 증가하는 생성물이 생기는데, 그 균형을 맞추기 위해 음이온이 보조 전극 쪽으로 이동해야 한다. 이때 전해염이 없으면 산화된 물질에 전기적 중성을 제공할 수 없으므로 보조 전극 주위에는 (+) 하전이 계속 축적되며, 증가한 (+) 하전은 보조 전극이 작업 전극으로 전자를 제공하지 못하도록 하기 때문에, 반응이 지속되지 못한다.

앞에서 전류의 종류에는 충전 전류와 패러데이 전류가 있다고 언급했다. 충전 전류를 측정하는 것은 커패시터(에너지를 저장하는 매체의 한 종류)에서 다루며, 이 책의 뒷부분에서 설명한다. 패러데이 전류는 패러데이 법칙과 관련이 있으므로 전기화학 분석에서 많이 이용한다. 패러데이 전류는 반응물의 양에 의해 영향을 받지만 실험 조건에서도 다음의 3가지가 영향을 주기 때문에 측정 전에 미리 실험 조건에 맞춰 준비해야 한다.

1. 확산(diffusion)
2. 대류(convection)
3. 이동(migration)

이 3가지는 반응물(위의 그림의 경우라면 Fe^{3+} 이온)을 전극에 도달시키는 방법에 해당한다. 전극의 전압은 충분히 높아서 반응물이 전극에 도달하자마자 Fe^{3+}가 Fe^{2+}로 변할 준비가 되어 있다면 용액 속에 균일하게 존재하는 Fe^{3+}를 전극으로 빨리 보낼수록 전류(패러데이 전류)가 증가하는 것이다.

확산과 농도에 대한 전류는 LSV와 CV에서 설명하였으니 여기서는 생략한다. 대류는 용액을 교반시키거나 흐름을 발생시켜서 반응물을 전극에 신속히 공급하는 방법이다.

용액의 온도를 높이면 온도가 높아서 반응이 촉진되기도 하지만, 높아진 열에너지에 의해서 용액의 대류도 촉진되기도 하므로 매 측정 시 온도의 변화를 최소화하여야 한다. 또한, 측정 시에 마그네틱바로 용액을 교반시키면 교반 속도에 따라 활물질의 공급이 증가하므로, 교반의 수준을 정확히 통제할 수 없는 마그네틱 바의 교반을 이용해서 정량 분석을 하는 것은 부정확한 결과를 제공한다. 교반의 상태가 잘 제어된 회전 원판 전극(rotating disc electrode, RDE)은 회전축의 대칭성과 회전 모터를 사용해서 회전 속도의 신뢰성이 보장되므로 실험의 결과의 정확성과 정밀성이 보장되는 대류를 이용한 실험 방법이다.

이동은 전극의 정전기적 인력에 의해서 반응물 또는 전해 이온이 이끌려가는 것이다. 반응물의 농도가 높을수록 확산뿐만 아니라 이동도 촉진될 수 있다. 하지만, 그 농도가 너무 높으면 활물질끼리의 상호 작용 또는 이동의 방해에 의해 물질 고유의 특성을 측정하기 어려워진다. 특히, 농도의 증가는 용액의 점도 상승을 유발하여 농도 증가에 따른 이동의 상승을 일부 상쇄하기도 한다. 통상 전기화학 측정을 하여 물질 고유의 특성과 분석을 할 때, 수 mM 이하의 용액을 준비한다. 전해염 없이 활물질로만 측정을 하게 되면 전류가 너무 낮거나 잠깐 전류가 흐르다가 멈춰버린다. 전해염의 농도가 너무 낮아서 전기적 중성을 신속하게 보장하지 않으면 분석대상물의 반응 속도를 제한하게 되어 결과가 왜곡되므로, 전해염의 농도는 분석대상물의 농도보다 최소 수 백배는 높은 것이 필요하다. 처음 실험 조건을 정할 때는 반응 조건을 모른다면 1 M의 농도의 전해액을 사용하며 1 M보다 조금 낮아도 전류와 반응 속도(봉우리 전압의 차이 등)가 차이가 없다면 필요에 따라서 낮은 농도가 사용되어도 무관하다. 때로는 전해염의 해리도가 높지 않아서 적절한 농도를 제공하지 못하는 경우도 발생한다.

전해액을 준비할 때는 용매의 전위창, 전위창 내에서 전해염의 전기화학적 무반응성(inertness), 용매 속의 전해염의 용해도와 해리도 등을 고려해야 한다. 또 하나 가끔 문제가 되는 것은 반응물과 전해염이 반응하여 침전이 되거나 예상하지 못한 추가적인 반응이 일어나는 것이다. 전기화학 반응을 관찰하기 전에는 문제가 없었는데 환원 또는 산화 후에 용액 중의 이온과 침전이 발생하는 경우도 있다. 용해도와 해리도 차이는 물속의 HCl과 아세트산의 경우에서 구분할 수 있다. 아세트산은 물속에 잘 HCl처럼 잘 용해되고 분산되지만, 해리의 수준이 HCl보다는 현저히 낮아서 신속한 이온의 공급이 필요한 반응에서는 적합하지 않다. 전해염이 잘 해리되는지는 실험 전에 확인하고 선별해야 한다.

1) 용매 조건

용매는 다음과 같은 특징을 만족해야 한다.

1. 관찰 대상의 물질을 적절한 농도(수 mM) 이상 용해(또는 해리)시킬 수 있어야 한다. 때로는 용해도가 낮아서 수 μM의 농도만 만족한다면, 이때 발생되는 낮은 전류가 잡음(바탕 신호)보다는 충분히 커야 한다. 바탕 신호를 낮추기 위해 장비를 차폐하여 잡음을 줄이거나, 낮은 신호를 키우기 위해서 용액을 농축시키는 등 다양한 측정 방법으로 극복할 수 있다. 하지만, 이런 경우를 제외하고 통상적으로 수 mM의 용액을 만드는 것이 필요 조건이다.
2. 분석대상물의 산화와 환원이 용매의 전위창 내에서 관찰되어야 한다.
3. 전해염의 최소한 0.1 M 이상이 되는 용해도를 가져야 한다. 전해염의 농도를 더 높게 하였을 때 측정 전류가 증가한다면, 측정 전류가 증가하지 않는 수준으로 전해염의 농도를 증가시켜서 전해염의 농도 의존성을 제거한다.

이를 만족하기 위해서는 용매의 전위창과 분석물질의 산화 및 환원 전위를 비교해야 하고, 전해염을 잘 해리할 수 있는 능력이 있는지를 미리 판단해야 한다. 용매가 전해염을 해리시킬 수 있는 능력을 유전율로 판단하는데 유전율은 양이온과 음이온의 정전기적 힘에 해당하는 식(식 2-18)의 분모에 포함되어 있다. 용매의 특성 중에 유전율이 큰 경우에 양이온과 음이온간의 인력이 작아져서 해리하기에 유리하다.

정전기적 힘에서 q_1과 q_2가 동일한 사인의 하전을 가질 때는 척력을 가지고, 반대 사인의 하전을 가질 때는 인력을 가지므로 전해염의 양이온과 음이온은 인력을 가지는 것을 알 수 있다. 이온이 존재하는 매질에 따라 인력의 수준이 다른데, 기준이 되는 매질이 진공이다. 유전율($\varepsilon = \varepsilon_0\varepsilon_r$)은 매질(유전체, dielectric)이 전기장에 의해서 분극(polarizability)되는 수준을 나타낸다. 분극이 잘 되는 용매일수록 대체적으로 이온을 잘 해리시킨다. 절대 유전율(absolute permittivity, ε) = 진공의 유전율(ε_0) × 상대 유전율(relative permittivity, dielectric constant, ε_r)이고, 진공 매질 대비하여 분극하는 수준을 상대 유전율(ε_r)로 표기하는 것이다.

$$|F| = \frac{|q_1 q_2|}{4\pi\epsilon_0\epsilon_r r^2} \tag{2-18}$$

쿨롱의 법칙에 의하면 매질의 상대 유전율이 클 때 이온 간의 인력이 약해지기 때문에 매질(용매) 속에서 이온의 해리가 잘되며 이는 증가된 이온 전도도에서 확인된다. 지지 전해염을 잘 해리시키기 위해서 상대 유전율이 높은 용매를 선정하는 것이 중요하다.

진공을 기준으로 용매들은 상대적으로 높은 상대 유전율을 가지는데 물은 그중 유전율이 가장 높은 용매에 속하므로 수용액에서 다양한 전기화학 반응을 발생시키고 관찰하기 편리하다. 그 외에 유기 용매로 전기화학을 관찰하려면 측정할 온도의 조건에 따라 어는점과 끓는점을 확인해야 하며, 점도가 높은 용매를 사용할 경우는 점도가 낮은 용매와 혼합하여 점도를 낮추기도 한다. 표 2-1은 전기화학 셀에 많이 사용되고 있는 용매의 상대 유전율, 어는점, 끓는점, 점도를 보여주고 있다. 전해염을 해리시키는 데 문제가 없는지, 측정 온도에서 상전이가 발생하는지, 점도가 너무 높아서 전해염은 잘 해리

표 2-1 용매의 상대 유전율 및 고려해야 할 물리적 성질.

용매	상대 유전율	어는점, °C	끓는점, °C	점도, cP
진공	1	–	–	–
탄산 다이메틸	3.09	2~4	90	0.585
아세톤	20.7	−94.9	56.08	0.306(25°C)
에탄올	25.3(20°C)	−114 °C	78.3	1.017
메탄올	32.6	−97.6	64.7	0.545(25°C)
아세토나이트릴	37.5	−45.7 °C	81	0.35(20°C)
감마 뷰티로락톤(GBL)	31	−43	204	1.7
탄산 에틸렌	89.6	34~37	243	–
탄산 프로필렌	64	−48.8	242	102.09
물	80(20°C)	0	100	1.00(20°C)

자료 출처: Chisato Kata et. al., Dalton Trans. 2013, **42**, pp 11363–11366.

를 하지만 이온 전도도가 문제가 될 것인지를 예측하는 과정을 거쳐야 한다. 상대 유전율은 용매의 고유한 물리적 특성이므로 실제 해리가 잘 되는지 여부는 전해염마다 상이하므로 용해도 및 해리도의 수준을 반드시 확인해야 한다.

2) 전해염 조건

전해염은 용매에서 해리가 잘 되고 전압이 인가가 될 때, 반대 대전이 되는 전극으로 잘 이동하여(전도도가 좋아서) 전기화학 반응에 방해가 되지 않는 바탕 전해질이 되는 것이 중요하다. 이러한 염은 강전해질이어야 하며, 대부분 강산과 강염기의 양이온과 음이온의 조합이다. 강산과 강염기의 H^+와 OH^- 이온은 물의 전기분해에 참여하거나 발생하는 이온이므로 HCl 또는 NaOH처럼 H^+, OH^- 이온이 포함된 염은 전위창을 제약하는 범위가 명확하기에, 특별한 경우를 제외하고는 바탕 전해질로 사용하지 않는다. NaCl은 쉽게 만날 수 있는 전해염인데 음이온(Cl^-)은 산화하여 Cl_2가 생성되는 반응이 있으므로 산화 전압 영역에 전위폭을 제한한다. KNO_3로 예를 들면, NO_3^-는 NH_3가 발생하는 환원 반응을 할 수 있으므로 사용에 유의해야 한다. 그래서 산화 및 환원을 쉽게 하지 않는 이온들을 조합하여 사용한다. 양이온 중에서는 알칼리 금속 이온(Li^+, Na^+, K^+등), 음이온 중에는 SO_4^{2-}, ClO_4^-, BF_4^-, PF_6^-와 같은 이온이 전기화학적으로 안정한 이온들이므로 이들 양이온과 음이온을 조합하여 사용하면 다수의 좋은 전해염 후보가 된다. 용매가 유기 용매인 경우에는 알칼리 양이온이 포함된 염들의 용해도가 낮으므로, 유기물 양이온(예, 4차 암모늄 이온)이 포함된 염들이 사용될 수 있다.

그림 2-23은 지지 전해질의 농도가 충분히 높은 것과 낮은 것을 사용할 때 반응들의(식 2-13, 2-14) 속도에 영향을 주는 것을 보여준다.

산화와 환원 반응 식에 K^+ 이온이 참여하므로 전해질에 K^+이 필요하며 충분한 양이 있으면 각 반응의 산화 환원 반응 속도에 영향을 주지 않을 것이다. 실험에서 $K_4Fe^{II}(CN)_6$의 농도는 4 mM이므로 0.1 M KCl과 1 M KCl은 농도가 25배와 250배 차이가 난다. 두 개의 전해질의 농도는 활물질에 비해 압도적으로 크지만, 실제로 충분한지는 실험을 통해서 확인한다. 앞서 CV 실험(그림 2-13)에서 $K_4Fe^{II}(CN)_6$는 1 M KCl이 충분히 빠른 가역 반응을 보여 주었다. 그에 반해서 0.1 M KCl은 봉우리 전압의 간격도 넓어지고 봉우리 전류도 작아지는 것을 확인하였다. 즉, 가역적인 모습으로부터 조금 멀어졌다. 0.1 M KCl 용액의 농도는 활물질의 빠른 반응 속도에 필요한 K^+ 이온을 신속히 제공하지 못하였다. 주사 속도가 조금 더 느려지면 두 개의 곡선의 차이가 줄어들 수 있

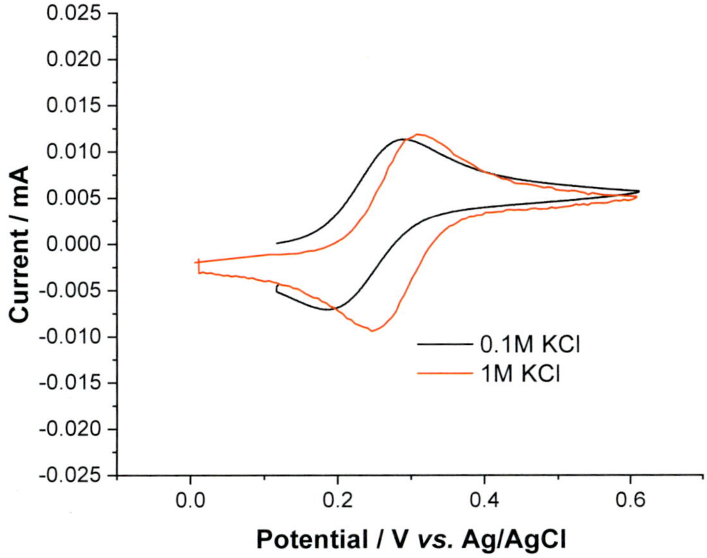

그림 2-23 지지 전해질의 농도에 따른 반응의 차이. 4 mM $K_4Fe^{II}(CN)_6$ 용액의 CV 측정. 지지 전해질이 1 M KCl과 0.1 M KCl일 때의 봉우리 전압과 전류의 비교. 주사 속도는 20 mV/s이다. 작업 전극: 직경 3 mm Pt disc, 보조 전극: Pt wire.

지만, 20 mV/s에서는 충분히 차이가 확인된다. $K_4Fe^{II}(CN)_6$는 반응 속도가 빠른 활물질인데 반응 속도에 맞추어서 반응에 필요한 전해질 이온의 공급 속도(확산 속도)가 충분히 빠르지 않기 때문에 물질에 제공할 수 있는 최대 전류에 미치지 못한다. 본 실험에서는 1 M KCl이 사용되었으나, 이보다 더 진한 전해질을 사용해도 전류의 증가는 미미하다. 그림 2-23에서 환원 반응이 양이온 의존성이 더 큰 것으로 확인된다.

KCl과 CH_3COOK는 용해도가 커서 1 M의 전해액을 제조할 수 있다. 하지만, 각 전해액의 해리도는 아주 다르며, 강전해질인 KCl 용액은 1 M에 가까운 K^+ 이온을 제공하지만, CH_3COOK는 약전해질이므로 용액에서 제공되는 K^+ 이온 농도는 KCl에서의 양이온 농도보다 아주 낮다. 1 M의 CH_3COOK 전해염을 사용한 그림 2-24의 봉우리 전류는 0.1 M KCl 전해액을 사용한 그림 2-23의 봉우리 전류와 비슷하게 측정되었다.

1 M HCl은 강전해질이며 높은 전도도를 제공한다. 하지만, 1 M KCl의 그래프와는 아주 많이 다른 모양을 보여 준다(그림 2-25). 전압 구간 0 ~ 0.6 V에는 봉우리 전압이 사라졌다(점선 그래프). 봉우리 전압은 0.6과 0.45 V에서 형성(실선 그래프)되었으며 그래프도 비대칭 곡선을 형성하였다.

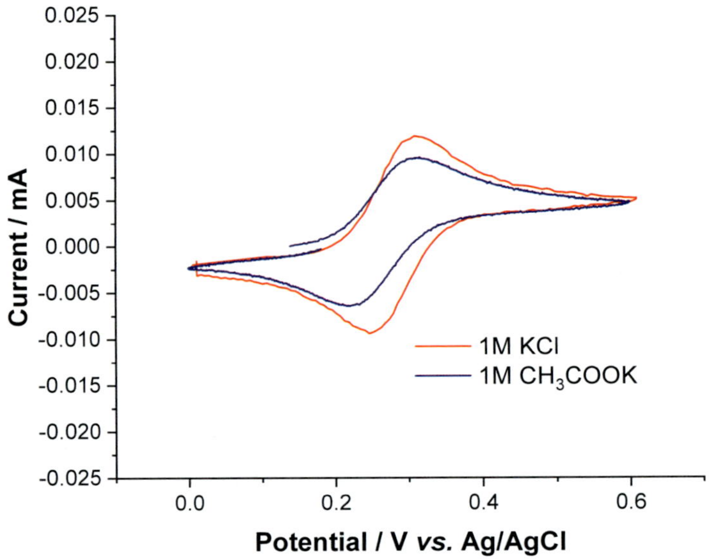

그림 2-24 강전해질과 약전해질에서의 반응의 차이. 4 mM $K_4Fe^{II}(CN)_6$ 용액의 CV 측정. 지지 전해질이 1 M KCl과 1 M CH_3COOK일 때의 봉우리 전압과 전류의 비교. 주사 속도는 20 mV/s이다. 작업 전극: 직경 3 mm Pt disc, 보조 전극: Pt wire.

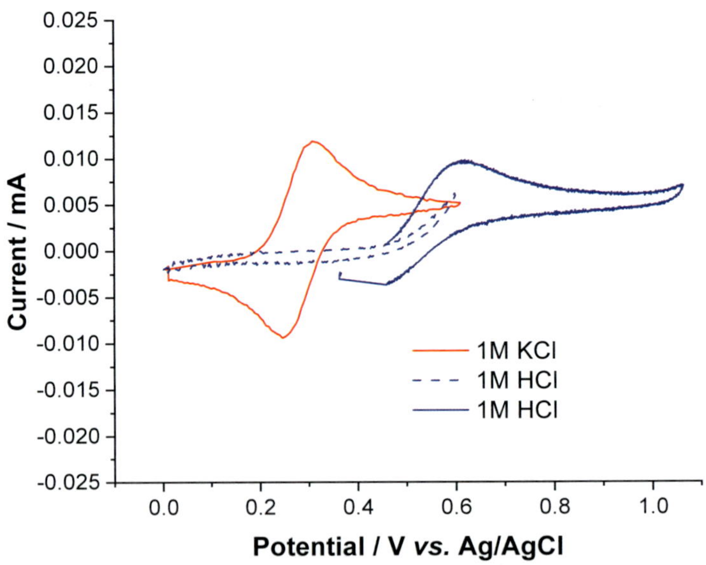

그림 2-25 K^+ 이온이 아닌 지지 전해질을 사용할 때의 반응. 4 mM $K_4Fe^{II}(CN)_6$ 용액의 CV 측정. 지지 전해질이 1 M KCl과 1 M HCl일 때의 봉우리 전압과 전류의 비교. 주사 속도는 20 mV/s이다. 작업 전극: 직경 3 mm Pt disc, 보조 전극: Pt wire.

2 기구 및 시약

$K_4Fe^{II}(CN)_6$, KCl, CH_3COOK, HCl, potentiostat, 작업 전극(pt 전극, 직경 2~3mm), 보조 전극(Pt wire), Ag/AgCl 기준 전극(포화 KCl), 증류수.

3 실험 과정

① 4 mM $K_4Fe^{II}(CN)_6$ 용액을 4개의 지지 전해질(1 M KCl, 0.1 M KCl, 1 M CH_3COOK, 1 M HCl)을 이용해서 만든다.

② 전압 주사를 개방 회로 전압(open circuit potential, OCP)에서 시작해서 + 전압 방향으로 0.6 V까지 진행한다. 주사 속도는 20 mV/s이다.

③ 전압 진행 방향을 (–) 전압 방향으로 바꾸어서 0 V까지 진행하고, 다시 OCP로 되돌아와서 주사를 멈춘다. 주사 속도는 20 mV/s이다. 여기에서 OCP는 셀에 전극을 모두 설치를 하고 potentiostat과 전극을 연결했을 때 읽어주는 전압이다. 이 전압은 전류가 흐르지 않을 때 전지의 전압인 기전력과 동일하다.

④ 그림 2-25의 3가지 그래프를 모두 완성한다.

4 실험 결과 및 토의

전기화학적 특성을 측정하기 위한 활물질의 농도는 통상적으로 mM 단위이다. 전해질의 농도는 활물질에 대비하여 100 정도 높게 하면 주사 속도를 조금 높여도 반응에 지장을 주지 않는다. 활물질 대 전해질의 농도비가 낮을 때는 주사 속도가 느린 경우에는 문제가 없지만, 주사 속도가 빠른(반응 속도가 빠른) 경우에는 전해질이 충분히 지원되지 않아서 측정에 오류가 발생할 수 있다. 활물질 농도가 더 낮으면 전해질의 농도도 비례하여 낮추어도 무관하다.

① 그림 2-24, 2-25에서 1 M CH_3COOK와 1 M HCl이 1 M KCl에서 얻은 그래프와 달라지는 이유 및 비가역 반응이 된 이유를 토의한다.

② 전압 주사를 OCP가 아닌 전압을 지정하고 난 후 실험을 개시하면 초기 전압 주사에서 어떤 전류가 관찰되는지 토의한다.

5 유의 사항

실험에 필요한 전해질을 준비하기 위해서는 농도, 전해질 종류, 전기화학적 안전성을 고려해야 하며 때로는 용액 중에서 화학반응을 일으키는지도 미리 검토해야 한다.

실험 8 시간전류법, 전위 계단 방법

1 이론

Chrono-는 시간의 흐름이란 뜻이고, amperometry는 전류를 측정한다는 의미가 있다. 그래서 시간전류법(chronoamepromtry)은 시간에 따른 전류의 변화를 측정하는 전기화학 측정법인데, 바꾸어 말하면 반응이 일어나기에 충분한 일정한 전압(정전압)을 제공한 후, 전압을 유지한 채 그때의 전류를 측정하는 것이다. 가역 반응의 조건에서 반응을 완결하는 충분한 과전위를 사용한다면 물질의 반응에 의한 전류는 Cottrell 식이라는 이론에 의해서 예측할 수 있다. 식 (2-19)는 가역 반응의 경우에 적용되고, 비가역 반응일 때는 다소의 변형이 필요하거나 사용이 제한적이다.

$$\text{Cottrell 식: } i(t) = \frac{nF\sqrt{D}\,CA}{\sqrt{\pi}\,\sqrt{t}} = kCt^{-1/2} \tag{2-19}$$

시간전류법은 OCP에서 특정 전압으로 전압을 순간 변화시키고(step, + 또는 – 방향으로) 정전압을 유지하는 시간을 조건에 맞게 정한다. 이 실험은 필요에 따라서 특정 반응만 관찰할 수 있도록 전압을 조절하여 배제하는 장점이 있다. 이 실험의 정확성을 기하기 위해서 활물질이 없는 전해질을 이용한 실험을 실시하여 충전 전류가 완료되는 시점을 파악할 필요가 있다.

식 (2-19)는 패러데이 전류가 발생하는 경우에 해당하는 전류 vs. (시간)$^{1/2}$의 거동을 표현한 경우이다. 발생하는 전류가 활물질 확산에 의존할 수 있도록 충분히 큰 과전위를 사용한다. 활물질이 포함되지 않은 바탕 전해질의 전위 계단(potential step)은 패러데이 전류의 발생은 없고, 전극에 이온이 탈착되는 충전 전류만 관찰된다.

그림 2-26은 가역 반응을 보여주는 $K_4Fe(CN)_6$를 이용해서 전위 계단 실험의 전류 vs. 시간을 나타낸 결과이다. 그림 2-24에 CV 그림이 있으므로 사용할 전압 영역을 가늠할 수 있다. 그림 2-26에는 $K_4Fe(CN)_6$의 산화 반응의 전류가 표시되어 있고 일정 시간 이후에는 변화가 미미하다. 변화가 미미하게 일정해진 전류를 확산 전류라고 하며 그림

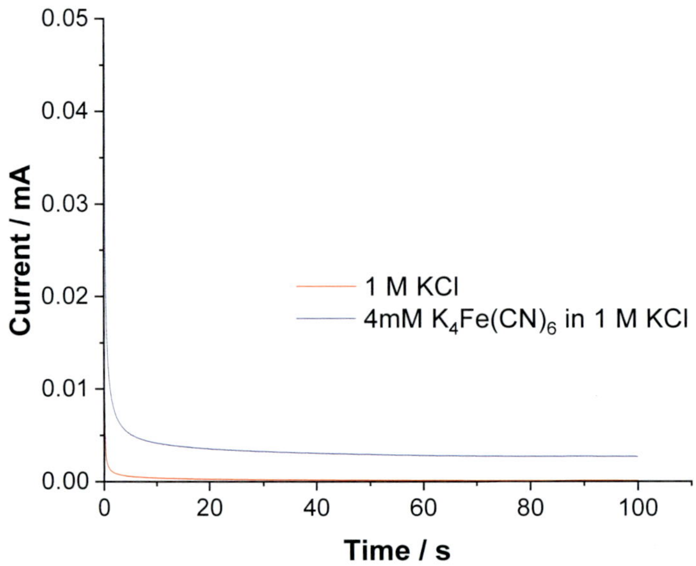

그림 2-26 시간 전류 곡선. 작업 전극: Pt, 3 mm 직경, 보조 전극: Pt wire, 기준 전극: Ag/AgCl(포화 KCl). 전압 조건: OCP에서 0.8 V로 전위 계단, 바탕 용액: 1 M KCl, 측정 용액: 4 mM $K_4Fe(CN)_6$ in 1 M KCl.

에서 80~100초 사이의 값이 확산 전류로 사용할 수 있는 일정 전류이다. 식 (2-19)를 이용하는 데 시간, 전류, 전극 면적, 물질의 농도를 입력하면 확산 계수를 얻을 수 있다. 또한 시간, 전류, 물질의 농도, 확산 계수를 입력하면, 전극 면적(거칠기 정도가 반영된)이 얻어진다. 그림 2-26의 그림에는 바탕 전해질인 1 M KCl 용액의 전류 곡선도 있다. 바탕 용액은 패러데이 전류를 발생하지 않으므로 전류가 상대적으로 아주 낮음을 확인할 수 있다. 그림에서는 60초 이후에는 전류가 거의 0에 접근하는 것으로 관찰된다. 파란색으로 표기된 4 mM $K_4Fe(CN)_6$ in 1 M KCl 곡선의 전류는 패러데이 전류와 충전 전류가 함께 합해져서 보이는 것이다. 충전 전류는 60초 이후에는 거의 소멸되기에 60초 이후의 전류에는 패러데이 전류만 기여하므로, 식 (2-19)를 사용해도 무관하다.

바탕 전해질만을 이용한 전위 계단은 전극에 이온이 흡착하는 커패시터 거동(capacitive current)만을 보여주므로 전극 표면에 이온이 흡착하는 아주 짧은 순간만 전류가 반짝 흐르고 이후에는 일부 비어있는 전극 표면을 이온이 채워가는 아주 작은 전류가 흐르면서 0으로 수렴해 가는 것이다.

전극 또는 전해액이 산화 환원을 하지 않은 이상적인 편극 가능 전극(IPE)인 경우에 전위 계단을 하면 RC 직렬 회로의 거동을 보이는 커패시터와 같이 작동한다. 전류는 다음과 같이 지수의 함수로 감소한다.

$$i = \frac{E}{R_s} e^{-t/R_s C_d} \tag{2-20}$$

여기에서 R_s와 C_d는 각각 전해질 저항, 전극의 커패시터 성분이다. E는 전위 계단에 사용된 전압이다. 전위 계단을 하면 전류가 급상승한다. 초기 전류($t = 0$)는 E/R_s이다. 커패시터에 이온이 흡착하여 흡착할 표면이 줄어들면 전류가 감소하는데 전해액의 저항(R_s)이 작거나 흡착하는 표면적(C_d와 비례)이 작을수록 이온의 흡착은 빠르게 종료되며 이때 전류도 빠르게 감소한다. 이에 따라 커패시터에서 이온의 흡탈착하는 속도는 R_s와 C_d의 곱으로 표현할 수 있으며, 이를 시간 상수(time constant, RC time)라고 표현한다. 시간 상수는 전위 계단 초기 전류값의 0.37배에 해당하는 전류에 도달하는 시간이다. 시간 상수의 단위는 초(s)이며, 3장의 커패시터의 충전과 방전의 특성에 적용할 수 있다.

그림 2-27에서 초기 전류는 8.4 μA이며 이 전류의 0.37배는 3.1 μA이다. 시간 상수 1 RC에 도달하는 시간은 0.003초로 기록된다. 전해질의 저항이 낮고 전극 면적이 작으므로 전극 표면이 순식간에 이온으로 채워진다. 5 RC에 해당하는 기간이면 전극의 대부분이 흡착 이온으로 포화된다고 간주하는데, 이때 충전 전류를 무시해도 되는 수준에 도달하게 된다. 그림 2-27에서는 1초 미만의 시간이 그 수준에 도달하는 것이 나타나 있

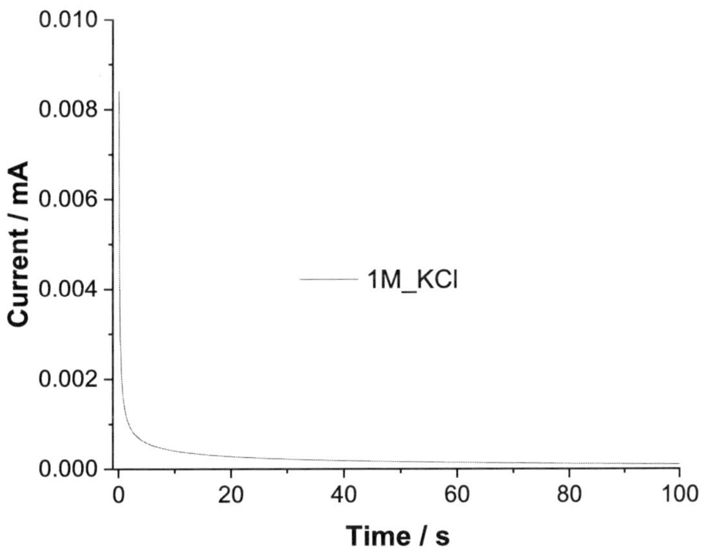

그림 2-27 바탕 전해질의 충전 전류.

다. 60초 이후의 전류에는 충전 전류가 없으므로 그림 2-26에서 60초 시점의 전류값을 Cottrell 식(식 2-19)에 사용해서 계산하면 활물질의 농도를 측정할 수 있다. 반대로 농도를 알고 있는 활물질의 확산 계수를 측정할 수도 있다.

2 기구 및 시약

Potentiostat, 작업 전극(Pt 전극 직경 2~3mm), 보조 전극(pt wire), 기준 전극(Ag/AgCl (포화 KCl) 전극 또는 SCE(포화 칼로멜 전극)), $K_4Fe^{II}(CN)_6$, KCl, 증류수.

3 실험 과정

① 실험에 필요한 4 mM $K_4Fe(CN)_6$ in 1 M KCl을 준비한다.

② 3전극 실험을 위한 셀을 준비하여 실험 장치를 연결한다.

③ 전압을 OCP에서 0.6 V까지 전위 계단 한 후 100초 동안 전류를 측정한다. 이때 측정에 의해서 확인된 확산 계수와 보고된 확산 계수를 비교한다.

④ $Fe^{II}(CN)_6^{4-}$의 산화 반응의 확산 계수는 0.67×10^{-5} cm^2/s이다. 측정값과 보고된 값이 다르다면 전극의 연마한 후에 그 차이가 줄어드는지를 확인해 본다.

4 실험 결과 및 토의

전위 계단에서의 확산 전류(100초 시점)와 그림 2-13처럼 CV를 측정했을 때 0.6 V에서의 전류를 비교해서 그 수치가 비슷한지 비교한다. 단, CV를 측정할 때는 아주 느린 주사 속도를 이용할 때만 확산 전류의 형성 조건에 유사해지므로 CV 측정은 0.2 mV/s 이하에서 측정한다. 측정 시에 외부의 잡음 및 흔들림에 따라 전류의 영향을 주지 않도록 접지와 충격의 완화를 위해서 주의를 기울인다.

실험 9 타펠 도시, 버틀러-볼머 식

1 이론

산화 환원식 O + e ⇌ R에서 식 (2-21)은 버틀러-볼머 식이다.

$$j = j_0 \left(\frac{C_R(o,t)}{C_R^*} e^{\frac{(1-\alpha)F\eta}{RT}} - \frac{C_C(o,t)}{C_C^*} e^{\frac{-\alpha F\eta}{RT}} \right) \tag{2-21}$$

버틀러-볼머 식의 괄호 안의 첫 번째 항은 산화의 전류항이고 두 번째 항은 환원 전류의 항이다. 이 측정은 셀의 용액을 교반하여 bulk와 표면의 농도가 거의 같게 하거나, 아주 낮은 전류의 측정(scan rate가 작은)을 하였을 때만 성립한다. C_O^*, C_R^*은 산화물과 환원물의 bulk 농도이며, $C_O(0, t)$, $C_R(0, t)$은 표면($x = 0$)에서 모든 시간(t)에서의 산화물과 환원물의 농도이다. 측정 조건을 bulk와 표면의 농도가 같게 하면 식 (2-21)은 식 (2-22)이 된다.

$$j = j_0 \left(e^{\frac{(1-\alpha)F\eta}{RT}} - e^{\frac{-\alpha F\eta}{RT}} \right) \tag{2-22}$$

지수 항의 η는 평형에서 벗어난 전위차(과전위)이다. 전류는 전위에 의존하므로 전위가 변함에 따라 괄호 안의 지수 값의 일부는 커지고 또한 일부는 작아지게 된다. 과전위가 없을 때($\eta = 0$), 즉 평형 상태에서의 전류 밀도(j_0)를 교환 전류(exchange current)라고 하며, 산화와 환원의 교환 전류가 동일하므로 평형을 유지하는 동적 평형이다. 과전위가 0.1 V(또는 −0.1 V) 이상이 되면 산화와 환원 중에 하나의 반응이 압도적이며 0.1 V 이상일 때는 산화 전류만 관찰되고, −0.1 V보다 더 음의 값으로 커지면 환원 전류만 관찰되는 것이다.

그림 2-28은 버틀러-볼머 식의 산화와 환원 전류항이 지수함수적으로 증가하는 것을 표현한 것이다. 평형 전위를 기준으로 ± 0.1 V 구간에서는 산화와 환원 전류가 함께 존재하며, 평형 전위에서는 산화와 환원 전류가 균형을 이루어서 알짜 전류는 0이 된

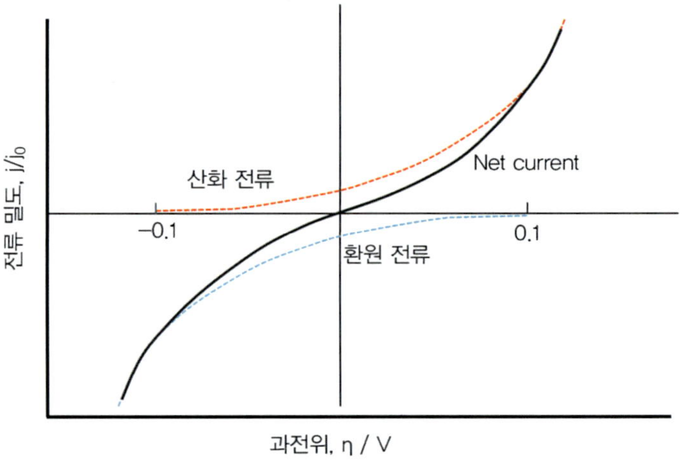

그림 2-28 버틀러-볼머 식의 산화 전류(빨간색), 환원 전류(파란색), 알짜 전류(검은색).

다. 균형을 이루는 상태의 전류를 교환 전류 밀도(exchange current density)라고 하며, 식 (2-22)의 j_0 값이다. 평형 상태에서 양의 방향으로 전압을 변화시키면 산화전류가 증가하고 환원 전류는 감소하여 0.1 V에 도달하면 환원 전류는 무시할 수 있는 수준이 된다. 반대로 음의 방향으로 전압을 변화시키면 환원 전류가 증가하고 산화 전류는 줄어들어 −0.1 V에서는 환원 전류만 관찰된다. 과전위 > ± 0.1 V인 구간에서는 버틀러-볼머 식에서 환원 또는 산화 전류항만 표기를 할 수 있다. 버틀러-볼머 식의 지수항 중에 하나를 선택(과전위가 −0.1 V 이상)하면 다음과 같은 식 (2-23)과 (2-24)를 사용할 수 있는데,

$$\ln|j| = \ln|j_0| - \frac{\alpha F\eta}{RT} \tag{2-23}$$

$$\log|j| = \log|j_0| - \frac{\alpha F\eta}{2.3\,RT} \tag{2-24}$$

그림 2-28에서 평형 상태에서 (−) 방향으로 전압(η)을 주사하면 측정되는 전류(j)를 log 형식으로 도시하는 식 (2-23)을 타펠 도시(Tafel plot)라고 한다. 타펠 도시는 환원 전류 항으로 1개의 직선, 산화 전류 항으로 또 한 개의 직선을 얻을 수 있다. 식 (2-21)에서 식 (2-22)으로 변환은 표면과 bulk의 농도가 동일할 때 적용 가능한데, 회전 원판 전극(rotating disc electrode, RDE)을 사용해서 측정하면 해당 조건에 근사하게 접근한다. RDE가 없다고 하면 LSV에서 주사 속도를 아주 느리게 하면 그래도 유사한 조건을 구현할 수 있다.

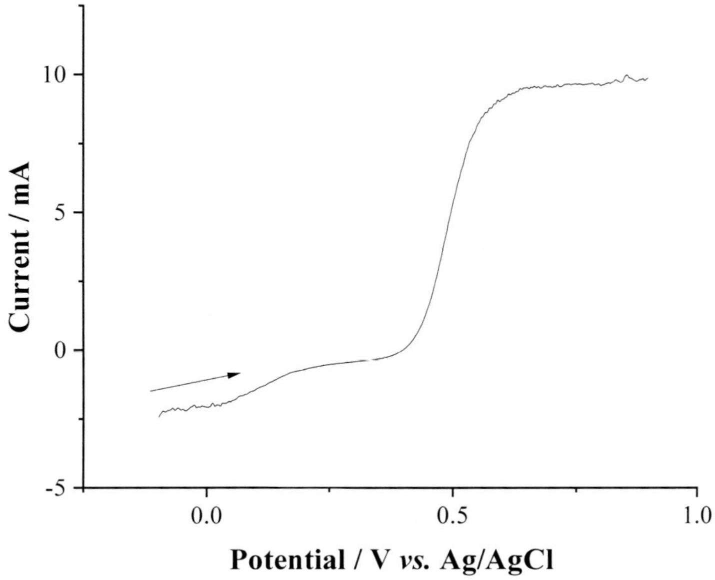

그림 2-29 느린 주사 속도의 LSV. 용액: 10 mM $FeSO_4$ in H_2SO_4, 주사 속도: 0.2 mV/s.

그림 2-29은 타펠 측정을 위해서 아주 느린 주사 속도(0.2 mV/s)로 LSV를 실시한 것이다. 반응 속도가 느린 반응인 경우에는 조금 더 느린 주사 속도로 측정을 해야 할 수 있다. 측정된 전류를 절댓값 전류 밀도(A/cm^2)로 환산하고 log로 표현하면 그림 2-30과 같은 타펠 도시를 그릴 수 있다. 타펠 도시의 뾰족한 최솟값에서의 전압은, 산화 전류와 환원 전류의 경계인 평형 전압이다. 그림 2-30의 수직 점선은 산화와 환원의 전류가 균형을 이루는 평형 전압이고, 이 그림에서는 0.399 V이다. 이 전압을 기준으로 좌측 그래프는 환원 전류, 우측 그래프는 산화 전류를 표기하고 있다. 평형 전압을 기준으로 ± 0.1 V 이상 전압 구간에서는 그림과 같은 직선 구간이 있으며 이 구간의 연장선을 통해서 기울기를 얻을 수 있다. 두 연장선이 평형 전압에서 만날 때의 전류는 교환 전류이고, 교환 전류는 반응 속도의 척도이다. 평형 전압에서의 교환 전류값이 큰 반응은, 과전위가 증가할수록 그때의 반응 속도(교환 전류값)가 비례하여 증가한다. 그림 2-30에서의 교환 전류는 $j_0 = 7.9 \times 10^{-2}\ A/cm^2$이었다. 교환 전류는 식 (2-24)에 의해서 과전위가 0인 전압에서 구할 수 있다. 환원 전류의 연장선의 기울기로부터 계산된 대칭 인자(α)는 0.15였다. 이는 산화 반응의 대칭 인자 $1-\alpha = 0.85$를 의미한다. 산화와 환원의 반응 속도가 대등할 경우에는 대칭 인자 α가 0.5가 되며 그림 2-29와 2-30으로부터 산화가 환원보다 속도가 빠르다는 것을 의미한다. 반응의 대칭 인자가 0.5로부터 작아질수록 상대적인 반응 속도가 느림을 의미한다.

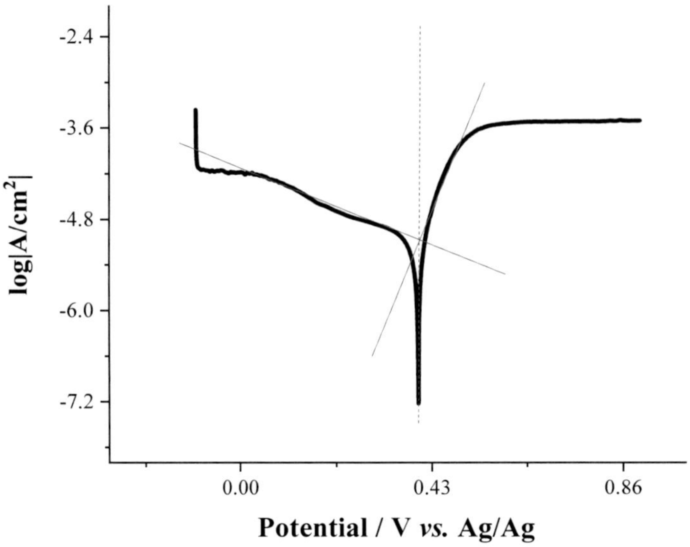

그림 2-30 그림 2-29 LSV 곡선을 타펠 도시로 변환.

2 기구 및 시약

$K_4Fe^{II}(CN)_6$, KCl, Pt 작업 전극, Pt wire, Ag/AgCl 기준 전극, potentiostat.

3 실험 과정

① 5 mM $K_4Fe^{II}(CN)_6$ in 1 M KCl 수용액을 준비한다.

② 3전극 실험을 위한 전극을 연결한다.

③ OCP를 장비로부터 읽는다. 전압 주사 영역은 OCP ± 0.5 V로 하며 시작 전압은 OCP − 0.5 V로부터 주사 속도 0.2 mV/s로 OCP + 0.5 V까지 주사한다.

④ 그림 2-29와 같은 LSV 그림을 얻은 후, LSV를 그림 2-28과 같은 타펠 도시로 변환한다. log 항의 전류는 A/cm^2 형태의 전류 밀도로 그린다.

⑤ 타펠 도시로부터 교환 전류, 평형 전압, 대칭 인자를 구한다.

4 실험 결과 및 토의

타펠 도시를 이용한 반응 속도(교환 전류)의 비교는 비가역 반응들에서 측정 및 비교에 적합하다. 다만, 반응 속도가 느린 경우에는 측정에 필요한 조건을 탐색 및 보완을 통해서 측정값이 신뢰도를 확인하는 것이 필요하다. 다른 측정에 의해서 알려진 Reference 값과 측정 조건의 비교하면서 측정 방법을 확립해야 한다.

실험 10 전도도 측정 실험

1 이론

두 개의 전극에 전압을 인가해 주면 전압에 의해 (+)극과 (−)극에 반대 하전의 이온이 이끌린다. 이때 움직임이 활발한 이온은 전극 간에 낮은 용액 저항을 제공하며, 움직임이 어려운 이온은 그 반대로 높은 용액 저항을 제공한다. 전도도는 저항의 역수이므로 낮은 저항의 용액은 높은 전도도를 가지게 된다. 이때, 동일한 이온을 사용한다고 하더라도 이온이 용해되어 있는 용매에 따라 전도도는 달라지는데 용매의 점도와 이온을 해리하는 능력이 전도도에 영향을 주며 점도가 낮을수록, 그리고 해리하는 능력이 좋을수록 높은 전도도를 제공한다.

아울러 이온의 크기가 크면 용액 속을 이동하기 어려우므로 이온의 크기가 작으면 높은 전도도를 제공한다. 이온은 용매 분자와 인력에 의해서 이온 주위에 다수의 용매 분자를 포함하는 용매화된(solvated) 이온의 형태로서 전기장에 이끌린다. 용액 속에서 측정된 이온의 전도도는 용매화된 이온의 전도도이므로 용매마다 용매화된 정도(이온 주위에 이끌리는 용매 분자의 개수)가 전도도에 반영된다. 이온 전도도 측면에서의 용액 속의 이온의 크기는 용매화된 이온의 크기로 표현하는 것이 합당하다.

1) 전도도 측정 원리

전도도계로 용액의 이온 저항(resistance, R)을 측정하면, 저항의 역수인 전도도(conductance, G)로 장비에 표시된다. 이온 저항의 단위는 옴(Ω)이며 전도도는 저항의 역수이므로 Ω^{-1}이다. 저항의 역수(Ω^{-1})를, mho 또는 siemens라고 부르며, 전도도 단위의 기호로 S를 사용한다. $1\ S = 1\ \Omega^{-1} = 1\ C \cdot V^{-1} \cdot s^{-1}$이며 전도도의 단위가 $C \cdot V^{-1} \cdot s^{-1}$인 것은 단위 전위(전기장)에서 초당 움직인 전하량(C)을 의미한다. 즉, 전기장 속에서 움직인 이온의 개수를 뜻한다.

전도도는 전극의 면적과 전극 간의 거리에 대해 다음과 같은 관계가 있다.

$$G \propto A/l \tag{2-25}$$

A: 전도도계 전극 면적

l: 전도도계 전극 간의 거리

즉, 전도도는 전극의 면적에 비례하고, 전극 간의 거리에 반비례한다.

식 (2-25)에 비례 상수 κ를 사용하여 등식을 만들 수 있다.

$$G = \kappa \cdot A/l \tag{2-26}$$

κ: 전도율(condcutivity)

비례 상수에 해당하는 전도율은 전극 면적과 전극 거리에 무관하며, 각 이온 용액이 단위 면적과 단위 거리에서 측정되는 전도도이다. 전도율은 $S \cdot m^{-1}$ 단위를 사용하며, 보편적으로 전도도 측정용 전극이 크기가 작으므로 통상적으로 $S \cdot cm^{-1}$ 단위를 사용한다. 식 (2-26)에 의하면 전도도(G)는 크기 성질이고, 전도율(κ)은 세기 성질이다. 전도도와 전도율은 이온에 의한 용액 저항의 역수로 표기되므로, 용액 속 이온의 숫자(몰농도)에 의존한다. 특정 이온 용액이 다른 용액과 비교될 때는 단위 농도의 전도율로 표현하여야 하며 이를 몰전도율(molar conductivity)이라고 한다. 몰전도율은 식 (2-27)로 표현된다.

$$\Lambda_m = \frac{\kappa}{c} \tag{2-27}$$

몰전도율은 측정된 농도와 무관하게 이론적으로 일정한 값을 가져야 하지만, 이온의 농도에 따라 이온 간 상호작용의 정도가 매우 달라지므로, 측정된 몰농도에 따라 몰전도율이 다르다. 이는 0.5 M, 1.0 M에서 측정된 전도도에 농도로 나누면 몰전도율이 얻어지는데, 농도에 따라 몰전도도가 조금 다른 것을 확인할 수 있다. 이와 같은 이유 때문에, 다른 두 개의 용액의 몰전도율을 비교하려면 동일한 농도에서 측정한 전도율을 이용해야 한다.

그림 2-31의 좌측은 묽은 용액에서 이온의 움직임을 보여 준다. 전기장에 의해서 이온이 이동할 때 서로 간의 간섭이 거의 없어서 이온 고유의 움직임을 반영한 전도도를 관찰할 수 있다. 이온 농도가 아주 묽을 때의 몰전도율을 한계 몰전도율(limiting molar

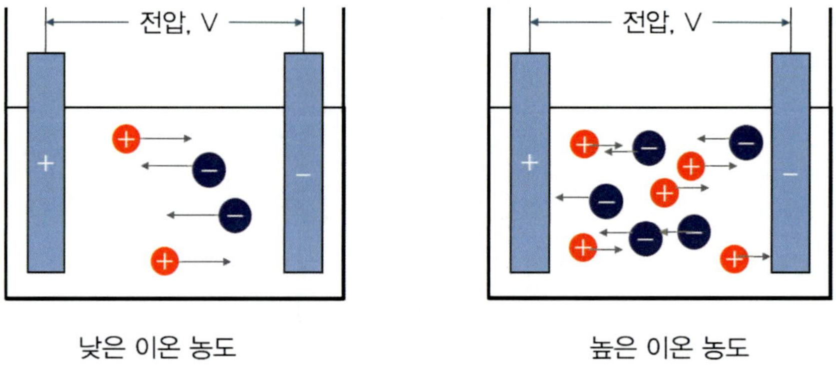

그림 2-31 농도별 이온의 이동 세기.

conductivity, Λ_m^o)이라고 하며, 이온의 농도가 증가하면 오른쪽 그림처럼 이온이 전극으로 끌려갈 때, 서로 충돌 또는 간섭에 의해 주위에 방해가 없을 때보다 몰전도율이 낮게 측정된다. 특히, 강전해질 용액의 몰전도율이 농도에 의존하는 것을 표현한 식을 Kohlrausch 식이라고 한다. 식 (2-28)의 Kohlrausch 식에는 농도항이 있지만, 농도가 0에 수렴하면 농도항이 사라지고 첫째항만 남는데 이것이 농도가 낮을 때의 몰전도율에 해당하는 한계 몰전도율이다. 농도가 아주 낮을 때는 이온 간 상호작용(이동 방해)이 배제된 이온 고유의 전도율을 찾을 수 있다. 이온 농도가 묽을 때는 각 이온이 전도율에 모두 기여하므로 극한(최대)값을 제공한다. 하지만, 이온 농도가 높을 때는 용액 속 이온 밀도가 높아서 이온의 움직임이 다른 이온들에 의해서 방해를 받는다. 다음 식 (2-28)은 농도가 진해질수록 몰당 전도율이 낮아지는 정도를 표현한 식이다.

$$\Lambda_m = \Lambda_m^o - Kc^{1/2} \tag{2-28}$$

강전해질인 경우는 Kohlrauch 식을 사용할 수 있는데 약전해질은 농도 증가에 의한 이온 간의 이동 방해 등으로 인한 몰전도도의 감소보다, 더 큰 문제인 낮은 해리도의 문제가 있으므로 식 (2-28)의 몰전도율 vs. (농도)$^{1/2}$의 선형 관계가 성립되지 않는다.

2) 전도도 전극의 교정

전도도 전극의 교정은 전도도 장치의 사용 설명서에 자세히 설명되어 있으므로 실험을 통해서 다루지 않기로 한다. 다만, 그 원리를 간단히 설명하면 다음과 같다. pH 미터의 교정을 할 때와 유사하게 전도도 미터의 전극을 교정해야 한다. 교정할 때 사용하는 용액은 KCl 표준 용액이다. KCl 표준 용액을 시약으로 구매할 수 있으며 여러 농도의 표준 용액 중에 고를 수 있다. 측정하고자 하는 용액의 전도도와 가장 근접한 전도도를 가지는 표준 용액으로 교정을 한다. 예를 들면, 25℃에서 1.000×10^{-2} M KCl 수용액의 전도율은 1.413×10^{-3} S/cm이다. 전도도 전극은 2개의 전극이 평행하게 마주 보며, 각 전극은 면적이 1 cm^2이고 전극 간 거리가 1 cm 정도 되도록 배열되어 있다. 표준 용액을 사용해서 측정하여 1.413×10^{-3} S/cm로부터 벗어나는 정도가 전극의 면적과 거리가 1 cm^2, 1 cm로부터 다른 정도를 반영한다. 식 (2-26)의 A/l을 셀 상수라고 하며 교정을 통해서 정확한 셀 상수를 알게 되고 장비에 반영하게 된다. 전도도 미터가 교정되면 이제 측정이 준비된 것이다.

전극 간 거리 1 cm와 전극의 면적(1 cm^2)이 반영된 거리/면적의 값이 셀 상수인데 전극을 제작할 때 1 cm와 1 cm^2로부터 제작 오차가 있거나 전극의 사용으로 인해 전극의 형태나 표면의 거칠기 등의 변화로 인해 셀 상수가 변할 수 있다. 따라서 교정을 통해서 셀 상수를 장비에 반영하면 표준 용액의 교정이 반영된 정확한 값을 얻을 수 있다. 전극 표면은 다소의 거칠기가 있는 platinium black 등으로 도포된 경우가 있는데, 사용하다 보면 거칠기(전극의 면적)가 조금 달라질 수 있으므로 교정이 반드시 필요하다. 그리고, 표준 용액의 전도율은 온도가 25℃일 때의 값이므로 전도도 측정 시에 25℃가 아니면, 장비에 온도 보정 기능을 이용하여 25℃의 값으로 환산하게 된다. 그림 2-32은 전극 간 거리 1 cm와 전극 단면적 1 cm^2를 묘사한 것인데, 전극의 양면이 용액에 노출된다면 전극 뒷면도 전도도 측정에 기여하므로 셀 상수가 1과 다를 수 있으나 이 또한 장비를 통

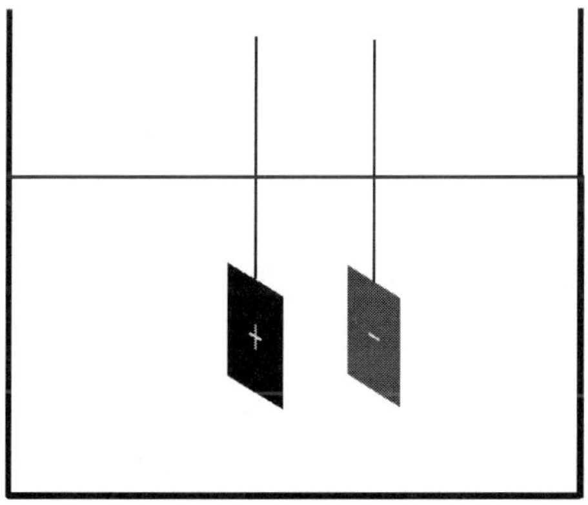

그림 2-32 전극의 단면적이 1 cm^2 전극 간의 거리가 1 cm인 전도도 셀의 모형. 마주보는 전극의 단면적(1 cm^2)만 고려한 것이다.

해서 교정하는 것이다. 셀 상수 1(전극 간 거리 1cm와 전극 단면적 1 cm^2)에 해당하는 전극은 전도율이 1 mS/cm 수준 용액의 측정에 합당하며 이온의 농도가 높거나 더 강한 전해질인 경우에는 용액의 전도율이 훨씬 크므로 셀 상수가 큰(전극 간의 거리가 더 멀고 또는 전극의 면적이 더 작은) 전극으로 측정한다. 더 낮은 전도율의 용액은 그 반대에 해당한다. 전도도 전극의 카탈로그를 보면 셀 상수가 0.1, 1, 10 등 각 전도도 영역에 합당한 전도도를 고르게 되어 있고, 이를 통해서 측정 오차를 줄일 수 있다. 그림 2-32는 전도도 측정용 셀의 단순 형태인 2전극 셀의 모형이다. 시중에서 4전극 셀을 구매할 수 있으며 측정에 대한 오차도 낮으므로 4전극 셀을 사용하기도 한다. 두 종류 셀들의 차이점을 여기에서 다루지는 않겠다.

NaCl은 강전해질이므로 Kohlraush 식을 사용할 수 있으며, 한계 몰전도율과 기울기를 대입하면 식 (2-29)와 같다.

$$\Lambda_m = \Lambda^o{}_m - Kc^{1/2} = 126.5 - 89.15\, c^{1/2} \qquad (2\text{-}29)$$

농도를 알고 있다면 해당 농도에서의 몰전도율(Λ_m)을 계산할 수 있다. 강전해질의 한계 몰전도율($\Lambda^o{}_m$)은 개별 이온의 전도율 합으로 이론적으로 계산할 수 있다(식 2-30).

$$\Lambda^o{}_m = \nu_+\lambda^o{}_+ + \nu_-\lambda^o{}_- \qquad (2\text{-}30)$$

한계 몰전도율은 농도가 극히 묽을 때(농도가 0에 수렴할 때)의 값이며 이 값은 짝 이온의 종류와 관계없이 개별 이온의 몰전도율의 합으로 계산할 수 있다. ν_+와 ν_-는 분자식에서의 이온 개수이며, $\lambda^o{}_+$와 $\lambda^o{}_-$은 양이온과 음이온의 한계 몰전도율($S \cdot m^2 \cdot mol^{-1}$)이다. 이온이 아주 묽을 때의 개별 이온은 다른 이온의 전도율(전기장에서의 움직임)에 영향을 받지 않으므로 위의 식을 이용할 수 있다. 표 2-2에 있는 개별 이온의 값을 이용해서 전해액의 한계 몰전도율을 구할 수 있다. 예를 들면 $BaCl_2$ 용액의 한계 몰전도율은 Ba^{2+}와 $2Cl^-$로 구성되므로 $127.2 + (2 \times 76.4) = 280\ S \cdot cm^2 \cdot mol^{-1}$이다. 아래 표를 이용하면 한계 몰 전도율 값을 측정하지 않고 식 (2-30)을 통해서 얻을 수 있다. 단, $BaCl_2$가 강전해질이라는 의미는 아니다.

같은 족의 이온이라면 주기가 커질수록 전반적으로 큰 값의 한계 몰전도율을 가지며, 산화수가 큰 이온이 큰 값을 가지는 경향이 있다. 같은 족에서 주기율표의 아랫부분에 있는 이온은 용매화 이온 반경이 주기율표 상단의 이온보다 작기 때문이다.

표 2-2 각 이온의 한계 몰전도율 값(25℃).

양이온	한계 몰전도율 (Λ^o_+, S cm^2 mol^{-1})	음이온	한계 몰전도율 (Λ^o_-, S cm^2 mol^{-1})
H^+	349.6	OH^-	199.1
Li^+	38.7	F^-	55.4
Na^+	50.1	Cl^-	76.4
K^+	73.5	Br^-	78.1
Cs^+	77.2	I^-	76.8
Ag^+	61.9	NO_3^-	71.5
Be^{2+}	90.0	NO_2^-	71.8
Ca^{2+}	106.0	CH_3COO^-	40.9
Sr^{2+}	118.9	CO_3^{2-}	138.6
Ba^{2+}	127.2	SO_4^{2-}	160.0
Al^{3+}	183.0	SO_3^{2-}	144.0
La^{3+}	209.1	CrO_4^{2-}	170.0
Fe^{3+}	204.0	PO_4^{3-}	278.4
CO^{3+}	102		

실험 10-1. 강전해질 용액과 Kohlraush 식

1 이론

여러 개의 농도가 다른 NaCl 용액을 이용해서 몰전도율을 측정하고, Kohlraush 식에서 계산된 농도별 몰전도율과 비교한다. 측정된 값과 계산된 값의 오차율을 기록한다.

2 기구 및 시약

0.02 M, 0.04 M, 0.06 M, 0.08 M, 0.10 M 농도의 NaCl 용액, 전도도 미터, 1.000×10^{-2} M KCl 수용액(표준 용액).

3 실험 과정

① 전도도 미터를 교정한다.

② 교정된 후 각 용액으로 전도율을 측정한다.

③ 측정된 용액의 농도를 사용해서 몰전도율로 변환한다. 몰전도율의 단위(S · cm^2 · mol^{-1})를 보면 몰농도를 mol/cm^3으로 환산해야 한다.

4 실험 결과

① 다음의 표를 이용하여 실험값을 정리한다.

목표 농도/ M	실제 농도/ M	이론 몰전도율 (S · cm^2 · mol^{-1})	측정된 몰전도율 (S · cm^2 · mol^{-1})	이론값 대비 오차(%)
0.02				
0.04				
0.06				
0.08				
0.10				

목표 농도와 실제 농도를 표기한 이유는 목표한 농도를 만들기 위하여 저울을 사용하였을 때, 저울로서 정확하게 목표 무게를 맞추기 어려울 때가 있기 때문이다. 대신 목표 무게와 큰 차이가 없다면 실제 측정한 무게를 이용해서 측정하여 실험을 실시하여도 무관하다. 테이블에는 실제 농도를 기재하고 이에 해당하는 이론 전도율의 값을 계산하고 측정된 전도율과 비교한다. 몰전도율 이론값도 사용된 실제 농도에 해당하는 이론값을 사용한다.

그림 2-33은 Kohlaursh 식(2-29, 2-30)으로 계산한 이론 몰전도율을 이론 전도율로 변환하고 이를 측정된 전도율의 비교이다. 거의 유사한 값을 제공하며 측정 오차 내의 차이를 보여준다. 각 농도에 해당하는 몰전도율(Λ_m)을 식으로부터 얻어낸 후 $\Lambda_m = \kappa / C$로부터 각 농도의 전도율을 얻어낸다. 그림 2-30과 같이 Kohlaursh 식으로부터 얻어진 값과 측정한 전도율 값이 거의 일치하는 것은 강전해질이기 때문이다.

② 이론 몰 전도율과 측정 몰 전도율을 비교하고 오차가 크다면 어떤 과정에서 오차를 유발했는지를 토의한다.

③ 강전해질과 약전해질의 차이를 구분하고 약전해질은 Kohlaursh 식을 사용할 수 없는 이유를 설명한다.

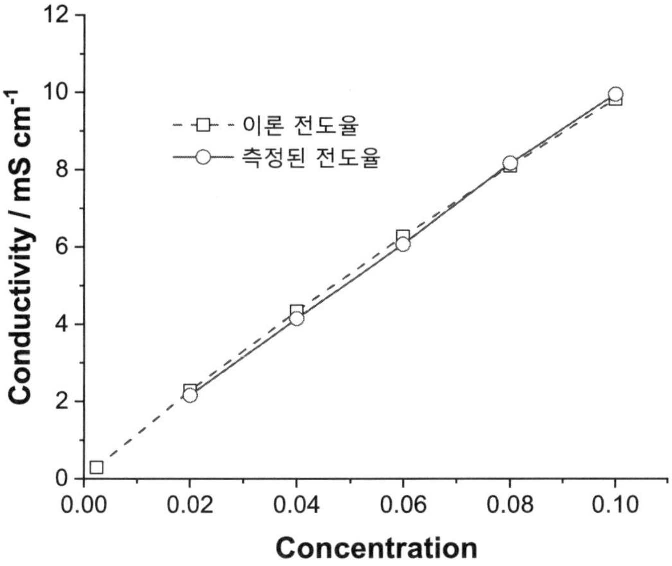

그림 2-33 NaCl 용액의 농도별 전도율 측정과 Kohlaursh 식으로부터 계산된 전도율. 이때 얻어진 전도율을 각 농도로 나누면 몰전도율이 얻어진다.

실험 10-2. 강전해질과 약전해질의 적정

1 이론

강전해질과 약전해질의 몰 전도율 차이를 이해한다. 특히, H^+ 와 OH^- 이온의 높은 몰 전도율은 전도도 미터를 이용한 적정에서 어떤 특징을 보여주는지를 이해한다. 본 실험에서는 강전해질로서 HCl을 사용하였으며, 약 전해질로서 CH_3COOH를 사용하였는데, 2개의 다른 종류의 산을 혼합한 용액 1과 용액2를 강전해질인 NaOH로 적정하는 실험이다. 아래에 2종류의 용액과 그 구성비를 보여준다.

용액1) 0.1 M HCl 5mL + 0.1 M CH_3COOH 5mL

용액2) 0.1 M HCl 7mL + 0.1 M CH_3COOH 3mL

를 0.1 M NaOH로 적정하면서 전도도를 측정하는데, 매 1 mL씩 투여한 후 전도도를 기록하고 그래프를 그린다.

2 기구 및 시약

전도도 미터, 1.000 × 10^{-2}M KCl 수용액(표준 용액)

용액1) 0.1 M HCl 5 mL + 0.1 M CH_3COOH 5 mL

용액2) 0.1 M HCl 7 mL + 0.1 M CH_3COOH 3 mL

0.1 M NaOH 용액, 뷰렛, 용액 교반용 유리막대 또는 교반기와 자석

3 실험 과정

전도도를 측정하기 전에 1.000 × 10^{-2}M KCl 수용액(표준 용액)으로 교정을 실시한다. 용액1에 0.1M NaOH 용액을 뷰렛을 이용하여 적가한다. NaOH는 1 mL씩 투여하고 난 후 전도도를 측정한다. 실험의 결과를 그림 2-29와 같이 전도율 vs. 적가된 NaOH 부피의 그래프로 그린다, 데이터마다 선이 연결되도록 그린다. 동일한 방법으로 용액 2를 NaOH 용액을 적가하면서 전도도를 측정하고 그림 2-34와 같이 그래프를 얻는다. 용액이 혼합되면서 반응할 때, 반응이 신속하게 완료되도록 자석 교반기로 저어주거나 유리막대로 저어준 후, 교반용액이 멈춘 뒤 전도도를 측정한다.

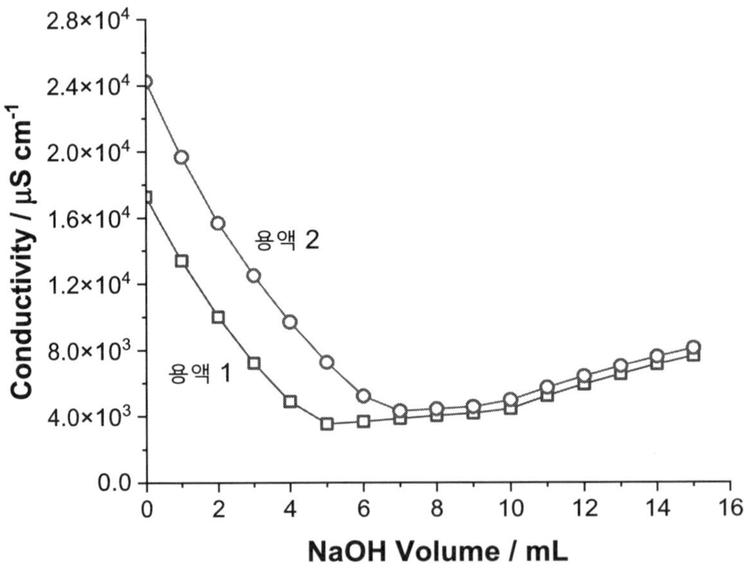

그림 2-34 용액 1, 2를 NaOH용액으로 적정할 때 전도도 변화.

4 실험 결과 및 토의

① 용액1과 용액2의 초기 전도율이 서로 다르다. 그 이유는 무엇인가?

② 용액1과 용액2는 강산과 약산의 혼합용액이며 각 용액에서 강산과 약산의 비율이 다르다. 혼합 산의 종말점은 변곡점에서 확인할 수 있다. 그림과 같이 10 mL를 초과하여 적가하면 변곡점이 각각 2개씩 발생한다. NaOH를 적가하면 전도율이 첫 번째 종말점까지 감소하는데 그 이유는 무엇인가? 반응식을 쓰고 설명하라.

③ 2번째 종말점 전후에는 전도도가 증가하는데 이때의 반응식은 무엇이며 전도도 증가의 기울기가 다른데 그 이유는 무엇인가?

④ 첫 번째 변곡점까지 전도도가 감소하는 패턴을 보면 직선적으로 감소하고 있지 않고 약간의 곡선을 그린다. 직선적으로 감소하지 않고 곡선의 모형을 포함하고 있는 이유를 생각해 보아라. 이를 개선하려면 어떻게 하면 될까?

실험 10-3. 침전 반응의 적정

1 이론

미지 시료에 존재하는 Ba^{2+} 이온이나 SO_4^{2-} 이온을 정량하기 위해서는 식 (2-31)의 아주 낮은 K_{sp}(용해도 상수) 특성을 이용해서 침전 반응을 하고, 침전된 물질의 질량을 측정하면 아주 정확하고 쉬운 분석을 할 수 있다. 하지만, 무게 측정이 아닌 다른 방법을 찾는다면 전도도의 측정도 훌륭한 대안이 될 수 있다.

$$Ba^{2+}(aq.) + SO_4^{2-}(aq.) \rightarrow BaSO_4(s),\ K_{sp} = 1.1 \times 10^{-10} \qquad (2\text{-}31)$$

어떤 미지 시료의 속에 있는 SO_4^{2-} 이온을 정량할 때, 반응식 (2-31)을 이용하여 정량하고자 하는데 Ba^{2+} 이온이 포함된 $BaCl_2 \cdot 2H_2O$가 일차 표준 물질이 아니다. 이에 따라 $BaCl_2 \cdot 2H_2O$ 수용액을 표준화해야 하는데, Ba^{2+} 이온을 침전시킬 수 있는 황산염을 포함하는 K_2SO_4는 일차 표준 물질이다.

2 기구 및 시약

0.1 M K_2SO_4 100 mL, 0.1 M $BaCl_2 \cdot 2H_2O$ 100 mL(농도는 불확실함), 전도도 미터, 뷰렛, 용액 교반용 유리막대 또는 교반기와 자석.

3 실험 과정

① 0.1 M $BaCl_2 \cdot 2H_2O$ 용액 50 mL를 200 mL 비커에 넣고 전도도 미터 전극이 용액에 잠기도록 한다. 온도가 일정하면 좋겠으나 온도의 영향은 고려하지 않고 측정한다.

② 0.1 M K_2SO_4 용액을 2 mL씩 투여하면서 전도도를 측정한다.

③ 측정된 전도도 vs. 부피 그래프를 그려서 전도도가 꺾이는 변곡점을 구하여 $BaCl_2 \cdot 2H_2O$ 용액을 표준화한다. 아울러 시약 $BaCl_2 \cdot 2H_2O$의 순도를 확인할 수 있다.

그림 2-35는 $BaCl_2 \cdot 2H_2O$를 K_2SO_4 용액을 이용하여 표준화할 때 얻어지는 예이다. 전도율이 최저점이 되는 곳(화살표)이 종말점이다. 이때 투여된 K_2SO_4의 부피를 이용하면 사용된 K_2SO_4의 몰수를 구할 수 있다.

$$\text{투여된 } K_2SO_4\text{의 몰 수} = 0.1\ \text{M} \times \text{종말점의 부피 (L)}$$

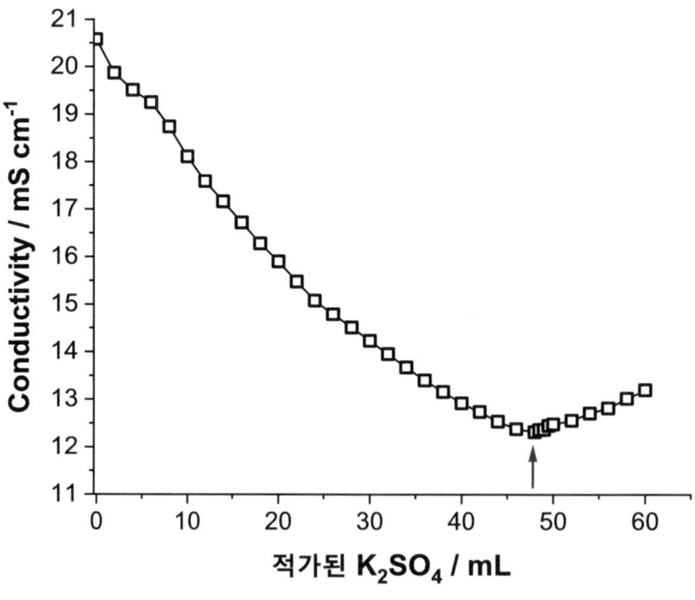

그림 2-35 $BaSO_4$ 용액의 표준화.

K_2SO_4와 $BaCl_2 \cdot 2H_2O$는 1:1로 반응하므로

$$K_2SO_4\text{의 몰수} = BaCl_2 \cdot 2H_2O\text{ 몰수}$$

여기서 얻어진 값을 이용해서 $BaCl_2 \cdot 2H_2O$ 용액을 제조할 때 측량한 무게를 이용하면 순도가 계산된다.

$$BaCl_2 \cdot 2H_2O\text{의 순도(\%)} = [(\text{측정된 } BaCl_2 \cdot 2H_2O\text{ 몰수} \times BaCl_2 \cdot 2H_2O\text{ 분자량})/(\text{용액 제조시 칭량된 } BaCl_2 \cdot 2H_2O\text{의 무게})] \times 100$$

미지시료의 적정

표준화된 $BaCl_2 \cdot 2H_2O$를 가지고 SO_4^{2-}이 포함된 미지 시료를 정량하여 SO_4^{2-} 이온의 무게 %를 구한다. 실험 감독자는 K_2SO_4 + NaCl을 미지 비율로 혼합하여 적정을 통해서 얻어진 값과 준비할 때 알고 있는 순도를 비교한다. $BaCl_2$의 용해도를 감안한 후 미지 시료 혼합에 증류수의 사용량을 고려해야 한다.

실험 10-4. 생활 주변의 다양한 용액의 전도도

1 이론

이번 실험은 실생활에 만날 수 있는 여러 가지 용액과 실험실에서 찾아볼 수 있는 용액의 전도도를 측정하여 실생활에서 접할 수 있는 용액에서의 이온들의 존재에 대해서 인식하고 그 수준을 가늠하는 것이다. 실험실에서 많이 사용하는 강산, 강염기, 약산, 약염기, 산화수가 2, 3인 이온이 있는 용액 등 여러 가지 용액을 준비하여 서로 비교한다. 그리고 수돗물, 콜라, 오렌지 주스의 전도도를 측정한다. 음용수들의 전도도와 실험실의 시약들의 전도도를 비교하여 음용수의 이온 농도 수준을 확인한다.

2 기구 및 시약

HCl, NH_3, NaOH, H_3PO_4, $CaCl_2$, 수돗물, 콜라, 오렌지 주스, 강물(또는 바닷물).

3 실험 과정

① 다음의 용액을 0.1 M의 농도로 준비한다.

HCl, NH_3, NaOH, H_3PO_4, $CaCl_2$

② 다음의 용액들은 전처리 없이 바로 사용한다.

수돗물, 코카콜라, 오렌지 주스, 강물(필요하다면 부유물을 필터할 것)

③ 각 용액의 전도도를 측정하고 모두 표에 정리한다. 전도도는 3회 측정한 평균값을 구한다.

4 실험 결과 및 토의

① 이 중에 가장 전도도가 높은 용액은 무엇인가? 그 용액의 전도도가 높은 이유는 무엇인가?

② 이온의 하전이 1(또는 −1)보다 큰 이온은 전도도가 커지게 하는가? 그렇지 않은 경우는 왜 그런가?

③ 수돗물, 코카콜라, 오렌지 주스, 강물 속에 존재하는 이온들은 무엇이고 농도는 어느 정도인가? 참고자료를 찾아서 어떤 이온들이 존재하는지 확인해 본다. 강물과 수돗물에는 탄산염이 존재하는 반면에, 실험실에서 준비하는 용액의 증류수에는 탄산염이 거의 없으므로, 탄산염 이온의 존재를 인지하고, 강물과 수돗물을 끓이거나 전 처리를 하지 않고 측정하는 것이 합당할 것이다. 오렌지 주스에도 고형물이 있는데, 있는 그대로 측정하는 것이 자연상태를 측정하는 것이므로 강물에 고형물이 많지 않다면 그대로 측정하는 것도 좋을 것이다.

Part

3

전지

실험 11

리튬 이차 전지

물을 용매로 사용하는 전기화학 셀(또는 전지)은, 물이 전기분해하여 수소와 산소가 발생되는 반응도 동반한다. 그래서 수용액을 이용하는 전지는 수소(환원)와 산소(산화)가 발행하는 전압 구간 내에서 전지가 작동하는 것이 이상적이다. 수전해의 이론 전압은 1.2 V이며, 이는 열역학적인 최소 전압이므로 통상적으로는 이보다 더 큰 전압(예를 들면, 2V 이상)을 인가해야 물 분해가 수월하게 관찰된다(그림 2-4, 2-5, 2-6, 2-7, 2-8). 그림 2-6의 회색 음역 영역(전압폭 1.2 V)이 물이 분해하지 않는 구간이며 이 구간보다 양의 전압은 산소 발생이 가능하며 이때 발생의 세기가 전류로 표기된다. 반대로 이 구간 바깥의 음전압에서는 수소 발생이 가능하고 발생의 세기가 전류로 표기된다. 수소와 산소를 발생시키면서 전지를 함께 작동시키면 용매를 모두 소모할뿐더러, 가스발생에 의해 전지 내부의 압력이 증가하는 문제를 함께 수반해야 한다. 1.2 V는 물의 전기분해가 이론적으로 발생하는 열역학적인 전압이며, 실제는 이보다 더 높은 전압을 사용해야 물 분해가 일어난다. 수전해가 2V 이상 전압을 제공하여야 발생하는 것은, 물 분해가 일어나기에는 여러 개의 저항 성분(과전위)을 극복해야 하는 것을 의미한다. 또한 물을 사용하는 전지 중에 대표적인 전지인 납 축전지를 충전 후, 방전할 때는 1.4 V의 전압을 제공하는 것을 볼 수 있다. 납 축전지의 방전 전압이 물 분해 전압보다 큰 것은 납 전극에서 물 분해의 과전위가 충분히 커서 충전과 방전을 겪으면서도 물 분해의 수준을 잘 억제하는 것을 의미한다.

납 축전지처럼 과전위가 존재한다고 하더라도 물을 용매로 사용하는 전지는, 수전해에 의해 2 V 이상의 전압을 제공하기가 쉽지 않다. 반면에 용매가 유기 용매인 경우는 전위창이 넓으므로 더 양극과 음극을 잘 조합한다면 수용액을 사용하는 전지의 전압의 2배 이상 되는 전압을 제공할 수 있고, 이는 더 큰 에너지를 저장하는 것을 의미한다. 다만, 유기 용매에서 작동하는 이온들의 움직임은 수용액의 이온들보다 느리므로, 수용액을 사용하는 전지의 순간 출력을 증가(높은 전류 수준에서의 전류의 급격한 변화)할 수 있는 조건을 가지기도 한다는 점에서 수용액을 사용하는 전지의 장점도 있는 것을 상기해야 한다. 본 실험에서는 리튬 이차 전지에서 많이 사용되는 음극과 양극의 전극을 이용하는 전지를 조립하고 충전과 방전을 하는 과정을 설명한다.

실험 11-1. 리튬 이차 전지의 음극

1 이론

기본적으로 리튬 이차 전지의 음극은 리튬 금속이다. 리튬 이온의 표준 환원식 (3-1)에서 알 수 있듯이 환원 전위가 아주 낮고 표준 수소 전극의 전위보다 3.045 V가 낮으므로 자연 상태에서 리튬 금속은 물(H^+ 이온)을 환원시키고 산화 상태(Li^+ 이온)로 존재하려는 경향이 아주 크다. 리튬 금속은 자연에서 물(수분)에 의해 산화되면서 전자를 물에 제공하여 수소 기체를 생성하며, 이때 발생하는 열과 빠른 반응 속도에 의해 폭발적인 반응(고온과 폭발)이 일어난다. 이런 이유로 리튬 이차 전지에는 물을 이용하는 것이 현실적으로 불가능하기에 유기 용매를 사용한다.

$$Li^+ + e- \rightleftharpoons Li\,(s) \qquad E^o = -3.045\ V \tag{3-1}$$

리튬 금속의 원자량은 6.968이며 이는 수소에 비해 7배 정도 크지만, 수소를 제외하고 원자량이 가장 작으므로 에너지 밀도를 극대화할 수 있다. 수소는 상온 대기압에서 기체이므로 단위 부피당 에너지 밀도는 낮은 반면, 단위 무게당 에너지 밀도(전하량)가 가장 큰 원소에 해당한다. 또한, 수소는 운반 및 저장이 쉽지 않기 때문에 금속 소재보다는 취급하기 어려운 것도 사실이다. 리튬 다음으로는 알루미늄(Al, 1개의 원자가 전자 3개를 제공함)이 단위 무게당 전하량이 가장 큰 소재라고 할 수 있다. 에너지 밀도는 단위 부피(또는 단위 무게)당 저장할 수 있는 에너지이다. 그리고 전기화학 반응에서의 에너지는

$$\text{에너지} = \text{전압} \times \text{전하량} \tag{3-2}$$

라고 정의된다. 위의 식에서 전압은 두 개의 전극 간의 전압 차이를 의미하므로 1개의 전극만으로 에너지를 정의할 수 없다. 리튬이 많은 에너지를 저장할 수 있는 능력이 있는 것은 단위 무게당 전하량 또는 단위 부피당 전하량이 큰 것을 의미한다. 리튬과 짝을 이루는 전극에 따라 전압과 단위 부피(또는 무게)당 전하량이 달라질 수 있고, 그 크기를 키우기 위한 연구가 지속되고 있다.

$$에너지\ 밀도 = 에너지/(무게\ 또는\ 부피) = 전압 \times 전하량/(무게\ 또는\ 부피) \quad (3\text{-}3)$$

전지를 구성하는 2개의 활물질의 정해지면 두 개의 물질이 제공하는 전압도 정해진다. 전압은 물질의 양과 관계없는 세기 성질이고, 전하량은 크기 성질이다. 2개의 활물질을 선정하여 전지를 구성할 때, 에너지를 저장하는 능력은 에너지 밀도로 표기하고 이를 다른 전지들과 저장 능력을 비교할 때 사용할 수 있다.

에너지 밀도가 큰 리튬을 사용하는 것이 리튬 이차 전지의 큰 장점이라고 할 수 있지만, 리튬 금속을 이용한 전지는 이차 전지 소재로서 수명(충전과 방전 사이클 횟수)이 짧고 안전성 우려도 있으므로 리튬 금속 이차 전지는 상용화되어 있지 않다. 대신에 리튬 이온을 사용하는 전지(lithium ion battery, LIB)가 널리 사용되고 있다. 리튬 금속은 일차 전지에는 다양하게 사용되고 있으며, 시중에서 코인형 전지를 구매할 수 있다.

리튬 이차 전지의 음극 소재로서는 흑연(graphite)이 대부분 사용되고 있다. 단위 무게당 전극의 전하량을 증가시키기 위해서 실리콘 또는 실리콘 산화물을 일부 흑연과 혼합하여 사용하고 있으며, 그 혼합 수준을 증가시켜가고 있다. 본 실험에서는 흑연으로 전극을 제작하고, 상대 전극으로는 리튬 금속을 사용하는 반전지(half cell)를 조립 후 전지 테스트를 하는 것을 배우고자 한다. 반전지에 대비되는 용어로서 완전지(full cell)는 흑연 전극과 Li 금속 산화물 전극이 짝을 이루며, 상업용 전지에는 Li 금속 산화물의 종류에 따라 전지의 전압과 에너지 밀도가 다양해진다.

2 기구 및 시약

리튬 포일(두께 0.5 mm 이상의 금속박), 천연 흑연(graphite), 코인셀 set 부품 5개(CR2036 형 코인셀 부품), 코인셀 조립기(coin cell crimper), 전극 제단용 puncher(원형 지름 14 또는 15 mm), 분리막(seperator) 제단용 puncher(원형 지름 19 mm).

전해액: 1 M $LiPF_6$ in Ethylene carbonate(EC) / ethylmethyl carbonate(EMC) = (3:7 vol%)
장비: Battery cycler(또는 potentiostat), dry box(glove box), 구리 포일(두께 15 μm), 분리막(Polyethylene, polypropylene 소재의 리튬 전지용 격리막 또는 다양한 재질의 거름종이를 seperator로 사용 가능), 바인더(polyvinylidene fluoride, PVdF), 전극 분산 용매(N-methylpyrrolidone, NMP), 카본 블랙, dry box에는 고순도 Ar 기체(99.999%)를 사용.

3 실험 과정

전체 실험은 ① 전극 제작, ② 코인셀 조립, ③ 전지의 충전과 방전, ④ 전지의 쿨롱 효율 계산하기 순으로 진행된다.

1) 전극 제작

에너지를 저장할 수 있는 산화 환원이 가능한 물질을 활물질(active material)이라고 한다. 음극에서 사용할 활물질은 천연 흑연이며 활물질은 분말 형태이므로 분말을 전극 형태로 만들기 위해서 전류를 흘려주는 금속(집전체)에 코팅을 한다. 분말을 도체에 도포하기 위해 우선 점도가 있는 반죽 형태로 만든다. 그리고 이 반죽을 집전체(음극에서는 구리 포일을 사용)에 도포(코팅)하고 건조하는 과정을 겪는다. 필요에 따라 이 전극을 압착기(roll press)에 압착하여 도포된 활물질 코팅이 집전체에 오랫동안 접착 상태를 유지하는 내구성을 향상시키는 과정이 필요하다. 전지의 조립 순서도는 그림 3-1에 나타내었으며, 압착은 전극 건조 이후에 실시한다.

조립의 순서는 양극과 음극이 동일하며 슬러리 제조에 사용하는 소재가 전극에 맞게 조금씩 달라진다. 음극의 제작에 대한 자세한 설명은 다음과 같다.

슬러리 제조를 위해 유기 용매인 NMP를 사용하였는데, 산업용으로는 수용액 계열의 소재를 사용하기도 한다. 용매의 선정은 바인더가 유기 용매(NMP)에 분산되는지 물에 분산되는지에 따라 구분된다. 본 실험은 음극과 양극을 모두 NMP를 이용해서 제작한다. 이는 바인더인 PVdF가 NMP에 잘 분산되기 때문이다. 실험실에 슬러리가 균일하게 제작되도록 혼합 장비가 있다면 좋겠지만, 만약에 없다면 막자사발을 이용한 혼합을 하여 슬러리를 제조하여도 전극을 만들 수 있다. 본 실험에서는 실험용 믹서를

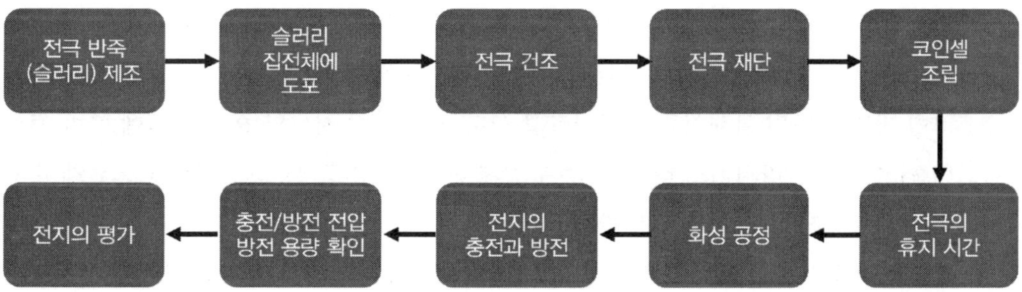

그림 3-1 전지의 조립 순서.

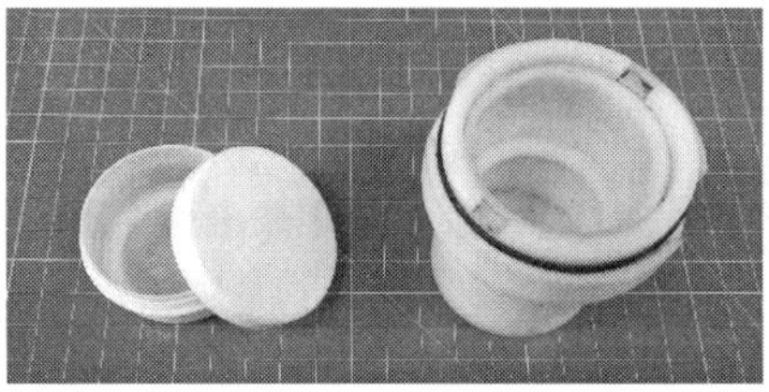

혼합 용기

믹서

그림 3-2 활물질 믹서.

이용하여 순서대로 만들어 보고자 한다.

혼합 용기 속에 0.2 g의 PVdF, 5 mL의 NMP를 넣고 PVdF를 용매에 균일하게 용해(분산)되도록 한다. 혼합 용기를 믹서에 넣고 2~3분 PVdF가 용해될 수 있도록 교반한다. 그림 3-2와 유사한 장비가 다양하게 사용하고 있으므로 어떤 것을 사용해도 무방하다. 때로는 임벨라(스크루) 형태의 교반기를 사용하기도 한다. 그림의 혼합 장비는 고속 회전을 하며 원심력과 구심력을 이용하는 혼합 장비이다.

PVdF가 균일하게 NMP에 녹으면 0.2 g의 카본 블랙과 천연 흑연 3.6 g을 차례로 용기에 넣고 약 10분 동안 교반한다. 교반이 완료되면 점도가 있는 반죽(슬러리)이 준비된다. 반죽을 집전체(구리 포일)에 균일하고 얇게 도포하기 위해서 코팅 블레이드(그림 3-3)를 사용하여 균일하게 도포한다.

평평한 내열 유리판에 구리 포일을 폴리이미드 테이프로 고정하고, 블레이드를 포일 끝에 위치시킨다(그림 3-4). 혼합이 완료된 슬러리를 구리 포일 끝에 부은 뒤에 블레이드를 포일과 평형하게 손으로 천천히 당기면 슬러리가 블레이드에 의해서 얇게 도포된다(그림 3-5). 이때 블레이드의 높이를 마이크론 단위로 조정할 수 있다. 이와 같은 전극 코팅 방법을 닥터 블레이드 방법이라고 한다. 슬러리의 점도와 혼합 수준에 따라 전극의 건조 시에 갈라지기도 하고, 너무 두껍게 만들어지기도 하므로, 점도를 조절해서 코팅이 균일하게 하도록 여러 번 연습한다.

슬러리에 사용된 용매를 제거하기 위해서 전극이 부착되어 있는 유리판을 전기오븐에 넣고 섭씨 80°C에서 6시간 이상 건조한다. 건조된 전극의 두께를 칼리퍼(그림 3-6)를

그림 3-3 코팅 블레이드. 다양한 코팅에 사용되는 닥터 블레이드 방법의 블레이드이다.

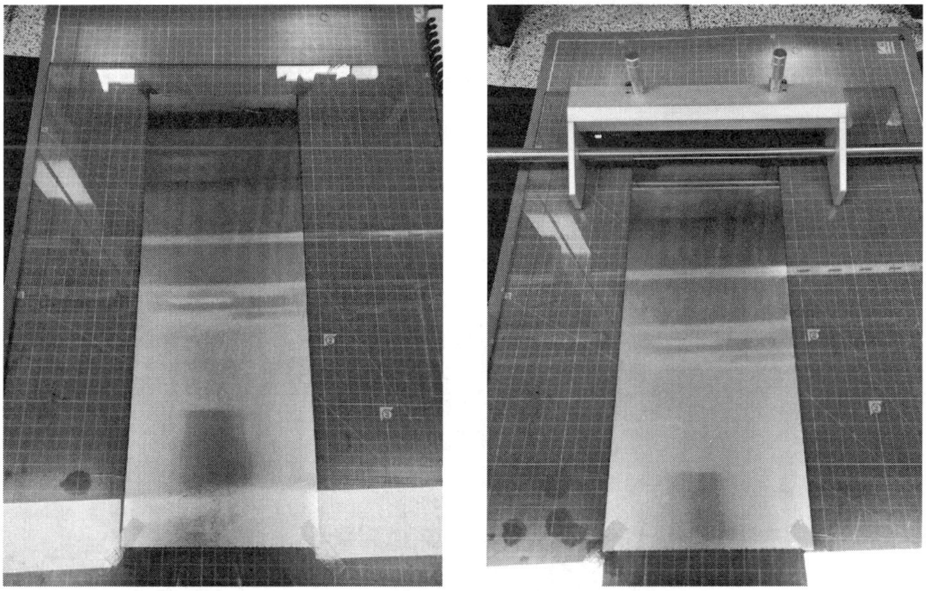

그림 3-4 구리 포일과 블레이드의 배열.

이용해서 측정한 뒤, 다시 roll press로 전극 두께가 10% 이상 얇아지도록 압연하여 전극의 두께를 다시 측정한다. 이때 구리 포일의 두께도 함께 측정하여 집전체를 제외한 전극의 두께를 구한다. 압연된 전극을 재단기(punching tool)를 이용해서 지름 14 mm가 되도록 자른다. 이때 자른 전극의 크기는 14 mm에 국한될 필요는 없으며, 사용될 상대 전극(리튬 포일)보다 크기가 작으면 된다. 상대 전극이 큰 경우에 half cell 조립이 수월할뿐더러 넓은 면적과 압도적으로 많은 양을 사용함으로써 리튬 금속의 크기가 작음으

그림 3-5 닥터 블레이드 방법으로 슬러리 코팅. 좌측: 블레이드에 나란히 슬러리를 배치한다. 우측: 블레이드를 손으로 당겨서 코팅한다. 기계를 사용하기도 한다.

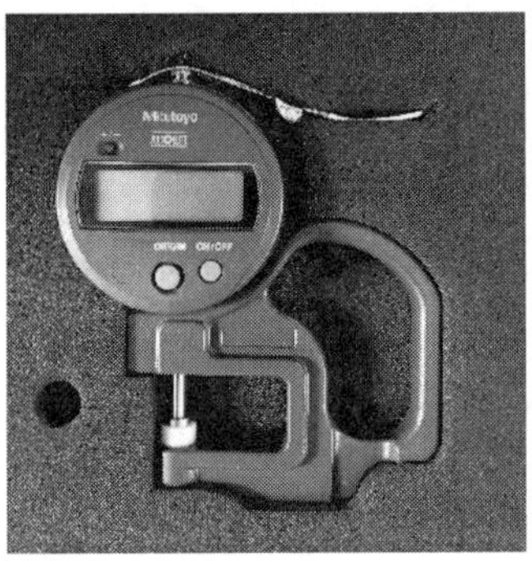

digital caliper

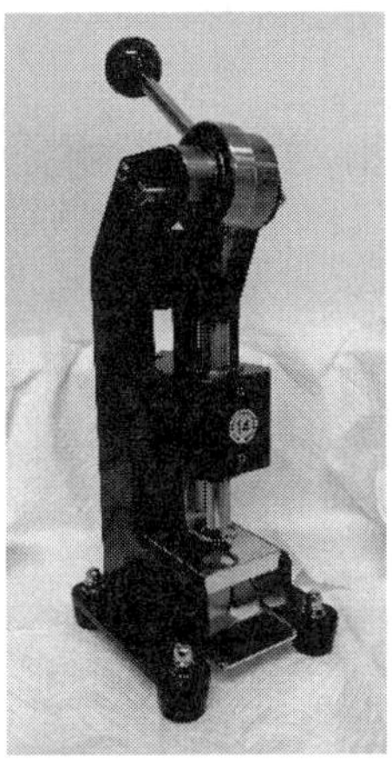

punching tool

그림 3-6 전극 제단용 도구.

로써 반응의 제한(전류, 전하량의 제한)을 받는 것을 방지할 수 있다.

전극의 건조는 리튬 전지의 전압을 제한할 수 있는 물(수분)을 제거하고 전극이 집전체에 잘 결착되도록 하는 기능을 가지고 있으므로 반드시 필요한 과정이다. 수분의 제거 수준을 높이기 위해 진공 건조기를 사용하기도 한다.

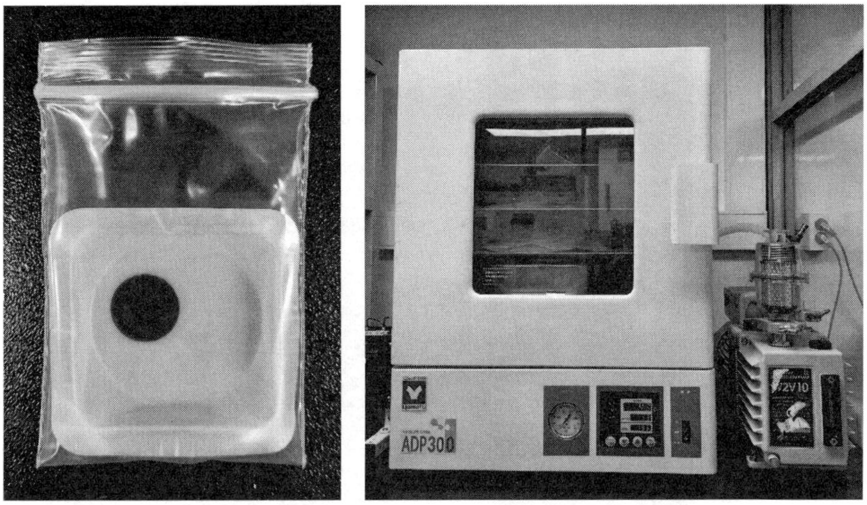

그림 3-7 코인셀 용으로 제단된 전극(왼쪽)과 건조기(오른쪽).

2) 코인셀 조립

건조된 전극을 이용하여 코인셀을 조립한다. 그림 3-8은 코인셀 조립에 필요한 부품을 펼쳐놓은 것이며 이 부품들은 모두 dry box 속에 넣어 조립한다. 그림의 부품이 모두 dry box에 놓여 있다고 생각하고 도구와 부품을 좌에서 우로 설명한다.

조립할 때는 플라스틱이나 테프론 소재의 핀셋을 이용해서 전극의 손상 및 정전기를 방지한다. Cell bottom을 바닥에 두고 Li foil, separator, graphite electrode, spacer, wave spring, gasket, cap 순서로 차례로 쌓는다. 이때 전해액이 주입되어야 하는데 전해액은 Li foil과 separator 사이 순서에 마이크로 피펫으로 30 μL가량 주입한다. 헐겁게 쌓인 모든 부품을 crimper(그림 3-9)에 넣고 셀을 밀봉하여 완성한다.

가장 보편적으로 사용되는 코인셀은 2032 type 셀인데 이것은 20 mm 직경에 3.2 mm 두께의 원통형 전지의 규격을 의미한다. 실험 조건에 따라 2016 type 셀을 사용하기도 한다.

전지의 충전은 흑연의 단위체 C_6가 전자를 1개 얻어서 (−)가의 산화수를 형성하고 Li^+ 이온이 충전된 흑연에 삽입되는 형태이다.

$$C_6 + e^- + Li^+ \rightarrow C_6Li \quad (3\text{-}4)$$

육각형의 구조를 가지는 C_6 단위체가 타일처럼 평면으로 무한 반복되는 구조를 그래핀

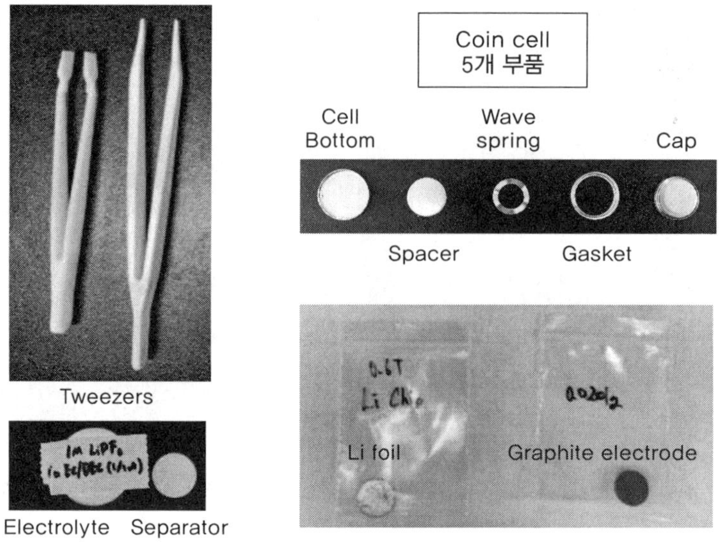

그림 3-8 코인셀의 부품 및 전지의 소재들. 코인셀의 조립에는 2개의 전극, 분리막(separator), 전해질이 필요하다.

코인셀 조립기 코인셀

그림 3-9 코인셀 조립기(cripmer)와 완성된 코인셀.

(graphene)이라고 하며, 이 평면 구조의 그래핀이 여러 개 반복되는 구조가 흑연이다. 흑연에는 자연에서 구할 수 있는 천연 흑연이 있으며, 인공 합성(인조 흑연)할 수도 있다. 흑연은 단위 무게(g)당 제공할 수 있는 전하량으로 용량을 정의할 수 있는데 대략 370 mAh/g 정도(이론 용량)를 제공한다.

3) 충전 전류(충전 속도)

1 g의 활물질을 충전할 때 370 mA(0.370 A)를 인가하면 1시간 뒤에 370 mAh를 충전하여 완전 충전(만충전)에 도달한다. 전지에서 충전 속도를 C rate라고 부르며 1시간에 만충전이 되는 속도를 1 C라고 한다. 이보다 2배 빠른 충전 속도를 2 C라고 부르며 30분에 충전이 완료된다. 이때의 전류는 1 C의 충전 전류보다 2배 큰 370 mA × 2의 전류로 충전한다. 충전을 2시간에 완료하게 되는 속도(전류)를 0.5 C라고 하며, 이때의 전류는 0.185 A이다. C rate는 전지를 충전하는 속도이므로 전지의 크기가 작아져서 활물질의 양이 줄어들면 줄어드는 것에 비례하여 전류를 낮춘다. 1 g당 1 C에 해당하는 전류를 계산하면 전지의 활물질의 양에 맞추어 각 전지의 C rate에 해당하는 전류를 계산할 수 있다.

앞에서 전극을 제작할 때 용매를 제외한 활물질(3.6 g) : 바인더(0.2 g) : 카본 블랙(0.2 g)의 무게비는 90:5:5이다. 구리 포일에 도포된 얇은 전극 속에서 활물질의 무게는 전극 무게의 90%이다. 전극을 재단 후 건조된 전극의 무게에서 구리 포일의 무게를 제외하면 전극 무게가 얻어지는데 전극 무게의 90%가 활물질의 무게이므로 활물질의 무게를 이용하여 1 C에 해당하는 전류를 계산할 수 있다. 활물질의 무게가 0.1 g이라고 한다면 1 C의 전류는 0.370 A × 0.1이다.

4) 전지의 충전과 방전

전지는 충전과 방전(충방전)을 통해서 계획한 대로 작동하는지 확인한다. 원하는 용량, 전압을 제공하는지 그리고 충전 방전 사이클을 여러 회 실시하여도 용량의 급격한 감소가 없는지 등의 전지의 성능을 판단할 수 있다.

전지의 충방전에 사용되는 battery cycler와 Jig는 그림 3-10과 같다. 지그는 cycler로부터 오는 전류를 전지에 제공하는 기능과 전지를 고정하는 holder 기능을 함께 가지고 있다. Cycler의 프로그램은 장비마다 조금 다르지만 거의 유사하다. 전지의 충방전 과정에서는 다음 같은 과정을 조합하여 전지의 성능을 가늠할 수 있다.

전지가 조립된 직후 전지는 아직 원활한 작동이 되지 않고 예상했던 용량이 나오지 않을 수 있다. 그래서 전지의 원활한 작동을 위한 워밍업 단계가 필요하며, 조립 상태가 미흡하여 작동이 잘되지 않는 전지도 관찰된다. 이때 발견된 불량 전지는 사용 또는 시험에서 제외된다. 또한, 이 과정에서 전해액의 일부가 전기분해되어 분해 산물이 전극 표면에 흡착되고, 전해액 분해가 지속되지 않도록 하는 피막을 형성한다. 이를 SEI formation 과정이라 하며, 자세한 설명은 생략한다. 전지 전극의 피막 형성 및 불량품 검사를 하는 전체 과정을 화성 공정이라고 한다. 그림 3-11은 화성 공정의 순서를 도식화한 것이며, 0.1 C 전류로 1.0 V와 0.005 V 사이를 충전과 방전하는 것을 보여 준다. 이때 사용하는 전류, 전압, 사이클 횟수는 사용 용도에 따라 변화를 줄 수 있다. 0.1 C 전류에서 얻어진 용량이 전지가 제공할 수 있는 최대 용량이며, 전류를 증가하여 높은 전류에서 얻어지는 용량을 관찰함으로써 전지의 출력 성능(높은 전류에서의 전지의 응답성, 제공하는 용량)을 확인할 수 있다. Cut-off 전압은 충전과 방전이 종료되는 상한과

Automatic Battery Cycler　　　　Battery jig

그림 3-10 Battery cycler.

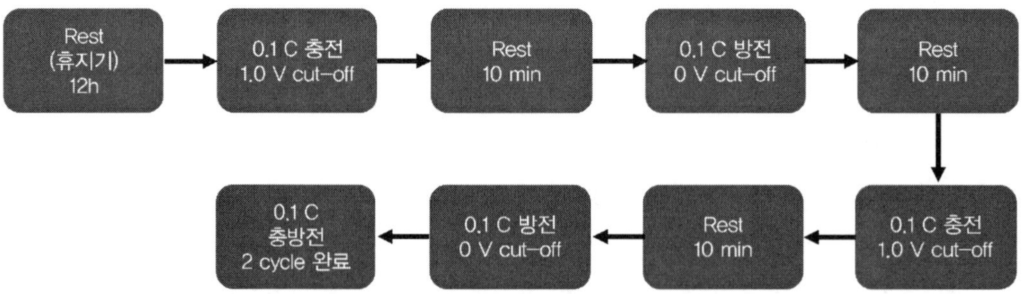

그림 3-11 음극 half cell 충전-방전의 순서 예. 방전은 0 V보다는 조금 높은 0.005 V까지 진행하며, 필요에 따라 조절한다.

하한 전압이다.

충전과 방전 순서에는 휴지기가 포함되는데 충전 시작 전과 종료 후, 또는 방전 시작과 종료 후에 휴지기를 두어서 전지의 작동을 잠시 멈추어서, 전지를 쉬게 하거나 또는 평형에 잠시 도달하도록 할 수 있다. 전지를 조립한 후 긴 휴지기를 두어서 전해질이 전극 깊숙이 스며들게 하는 시간을 제공하여, 전지가 작동될 때 전극의 모든 영역이 원활하게 반응에 참여해 저장 능률을 높이도록 한다. 충전과 방전의 한계 전압(cut-off voltage)을 제공하는 것은 전지의 활물질과 전해질의 과도한 파괴와 피로가 일어나지 않도록 하기 위함이며 이 영역을 벗어나서 전지를 사용하면 활물질의 피로도가 증가하기 때문에, 일정 수준의 제한을 두어 전지를 오랫동안 사용하게 할 수 있게 한다.

5) 전지의 쿨롱 효율 계산하기

그림 3-12는 0.1 C 조건에서 흑연 반전지가 충전(점선)과 방전(실선)할 때의 전압 vs. 용량(시간)을 보여 준다. 전지를 충전 또는 방전할 때, 측정되는 데이터는 전압과 시간이다. 0.1 C 조건의 일정 전류의 충전이므로 X축은 충전 시간을 의미하기도 한다. X축의 전하량은 전류에 시간을 곱하고 활물질의 양으로 나눈 것이다. 측정된 전압과 시간의

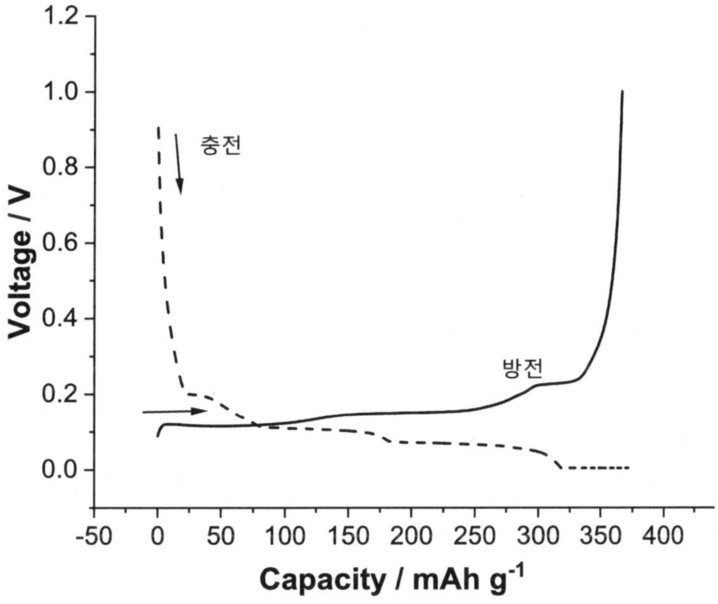

그림 3-12 흑연 전극(PVdF 바인더 전극)의 충전과 방전. 충전 상한과 하한 전압(cut-off voltage)은 각각 1.0, 0.005 V이며 전류는 0.1 C의 속도로 충전과 방전을 실시한다. 코인셀의 전압은 리튬 전극에 대비한 전압이므로 기준 전극은 Li/Li^+ 전극으로 표기할 수 있다.

데이터로부터 그림 3-12를 얻게 되며, 충전과 방전 시의 전압 변화를 표현하기도 하고, 충전과 방전이 종료되었을 때 전극(활물질)이 제공하는 전하량을 표기하기도 한다. 전지의 쿨롱 효율의 전하량 효율이라고 할 수 있으며 다음과 같이 정의한다.

쿨롱 효율(coulombic effciency) = (방전 전하량/충전 전하량) × 100

그림 3-12에서 충전 전하량은 점선의 끝에서의 용량(capacity)이며, 그래프로부터 얻을 수 있다. 약 370 mAh/g으로 확인된다. 방전 전하량은 실선 그래프의 끝에서의 방전 용량을 통해 얻을 수 있다.

흑연이 충전될 때는 0 V 부근까지 전압을 내리면서 환원시키는데, 이때 전압 0 V는 Li^+/Li 전극 대비 0 V이기 때문에 흑연 전극과 리튬 금속의 전압이 동일해졌다는 의미이다. 0 V 이하로 전압을 내리면 리튬 금속이 존재하는 것 이상으로 환원력이 강해서 전해액 속의 리튬 이온이 환원되어 흑연 표면에 리튬 금속으로 석출(금속 성장 또는 도금)이 가능하게 된다. 때로는 0 V에 조금 미달하더라도 금속이 석출되기도 한다. 흑연에서 성장한 리튬 금속이 표면에 평평하게 성장하지 않고, 굴곡지게 금속이 성장하게 되면, 돌출된 지점에서는 다른 곳보다 리튬 이온이 접근(확산)하기 쉬우므로 돌출된 성장이 더욱 가속된다. 이렇게 특정 지점의 성장이 가속되면 바늘 형태의 금속 성장 현상이 일어나는데 이런 형태를 수지상(dendrite) 성장이라고 한다. 실제 모습은 나뭇가지 형태(수지상)로 불균일하게 형성하며 흑연 반대편에 존재하는 리튬 포일 전극에 닿을 수도 있다.

이렇게 두 개의 전극이 전기적으로 접촉하게 되는 것을 단락(short)이라고 한다. 두 개의 전극이 물리적으로 동일해지는 통로가 형성되는 것이며, 2개의 전극이 1개의 전극으로 되었으므로 충전과 방전은 불가능해진다. 전지의 작동 중에 단락이 발생하면 저장되었던 에너지(전압과 전하량)가 짧은 순간에 dendrite를 통해서 엄청나게 빠른 속도로 통과하면서 높은 열을 발생하고 이는 곧 스파크(또는 화재)를 유발한다. 전지의 충전 조건 및 전지의 사용 상태 등을 적절히 조절함으로써 단락이 일어나지 않도록 하는 것이 전지의 신뢰성 제공에 중요한 요인이다. 실험용 셀로 사용하는 코인셀은 단락이 발생하더라도 발열량이 미미하므로 화재의 위험성 또한 미미하다.

6) 수계 바인더 사용 흑연 전극

앞에서 조립한 전극은 유기 용매인 PVdF를 사용한 전극이다. 실험실에 PVdF만을 사용해야 되는 사정이 있다면 PVdF를 이용한 전극을 만들고 전지의 조립을 실시한다. 그렇지만 상업용 전극에서는 용매를 물을 사용하는 수계 바인더를 사용하기 때문에 수계 바인더를 이용한 전극의 제작 과정도 소개한다. 셀을 조립하고 실험하는 입장에서는 수계나 유기계 바인더 모두 상관없으며, 구하기 용이한 바인더로 실험하면 된다. 다만 수계 바인더는 물을 용매로 사용하기 때문에 전극을 건조할 때, 유기 용매와 같이 포집하여 처리해야 하는 환경 비용을 절약할 수 있어 환경적인 측면에서는 유리하다. 전극을 조립하는 순서는 다음과 같다.

① 2wt% carboxymethylcellulose(CMC) 수용액 제조

② 카본 블랙 0.08 g, 흑연 3.8 g, 2wt % CMC 수용액 2.6 g을 유리막대나 스페츌라를 이용해 혼합한 후, thinky mixer(교반기)로 3분 교반

③ 40% styrene butyl rubber(SBR) 현탁액 0.17 g, 0.3 g 증류수를 2번 혼합액에 추가한 후 교반기로 추가로 3분 교반하여 닥터 블레이드 방법으로 슬러리를 구리 포일에 코팅한다. 제작된 전극의 전지 조립과 충전 및 방전 과정은 앞에서 설명한 내용과 동일하다.

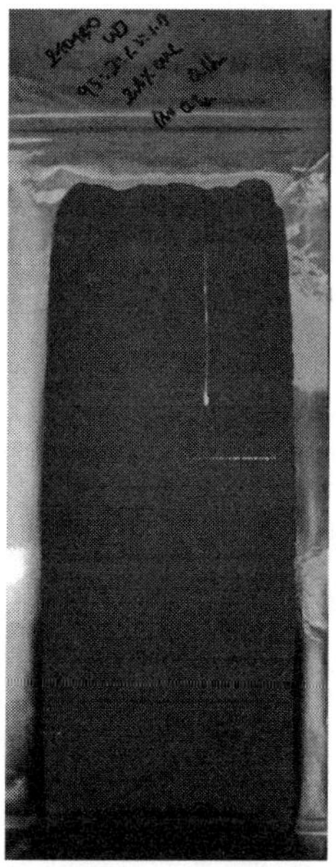

그림 3-13 수계 바인더를 사용한 흑연 전극.

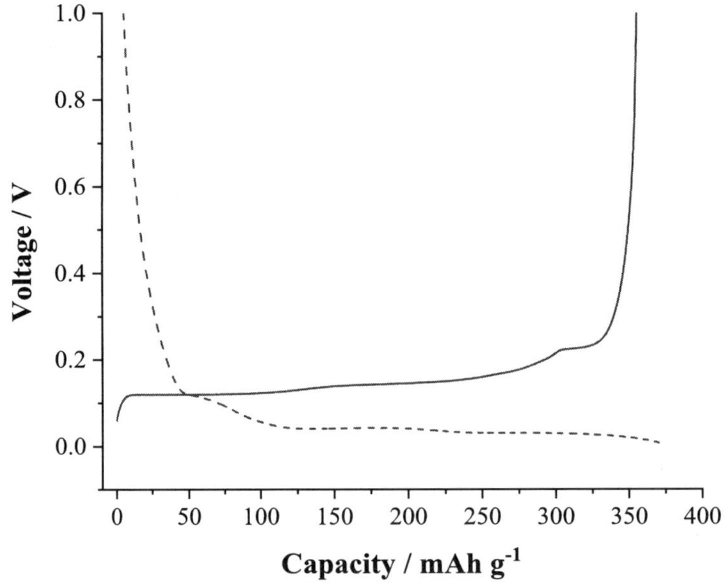

그림 3-14 흑연 전극(수계 바인더 전극)의 충전과 방전. 충전 상한과 하한 전압(cut-off voltage)은 각각 1.0, 0.005 V이며 전류는 0.1 C의 속도로 충전과 방전을 실시한다. 코인셀의 전압은 리튬 전극 대비한 전압이므로 기준 전극은 Li/Li^+ 전극으로 표기할 수 있다.

그림 3-14는 수계 바인더를 사용한 흑연 전극의 반전지 충전과 방전의 그래프이다. 그림 3-12의 유기계 바인더를 사용한 전극과 그래프의 모양이 거의 동일하다.

실험 11-2. 리튬 이차 전지의 양극

1 이론

리튬 이차 전지의 양극은 기본적으로 금속 산화물의 형태를 띄며 리튬 이온이 분자 내에 존재하여 리튬 이온이 양극과 음극을 왕복할 때, 리튬 이온을 제공하는 역할도 한다(식 3-5). 전지에서의 양극과 음극은 짝을 이루면서 두 전극에서 제공하는 전위차가 전지를 이루는 전지 전압이며 이 전압이 에너지(전압 × 전하량)를 구성하는 하나의 인자가 된다. 리튬 이차 전지의 양극으로는 $LiCoO_2$가 대표적으로 많이 사용되었던 소재이며, 이 소재는 리튬을 포함하는 전형적인 금속 산화물의 형태이다. $LiCoO_2$를 약자로 LCO라고 호칭하기도 한다.

$$2LiCoO_2 \rightarrow Li^+ + e^- + 2Li_{1/2}CoO_2 \quad (3\text{-}5)$$

양극 활물질은 충전될 때, 음극 활물질과 반대로 산화된다. 산화되면서 빠져나온 전자는 도선을 통해서 음극 활물질로 이동하며 동시에 리튬 이온은 분리막을 통과하여 환원된 흑연 전극이 전기적 중성을 형성하게 한다. 흑연과 다르게 LCO는 Li 이온이 1/2 당량만 참여한다. 즉 분자에서 절반의 Li 이온만 빠져나오게 충전 수준을 조절한다. 충전 수준을 더 높여서 Li 이온을 더 빠져나오게 한다면, Li 이온을 수용하는 LCO의 구조가 비가역적으로 변형되어 수명이 단축될 수도 있다. 수명과 에너지 밀도가 최적으로 제공되는 cut-off를 설정해야 한다.

1) 리튬 전지 전극의 전압

리튬 전지를 비롯한 모든 전지는 양극 활물질과 음극 활물질의 전압(표준 환원 전위) 차이가 있어야 하며, 양극은 + 전압, 음극은 – 전압 영역에 있는 물질로 짝을 이룬다. 활물질들의 전압을 정의하기 위해서는 기준 전극에 대한 설명이 필요하다. 리튬 이차 전지는 수용액을 사용하지 않으므로, 수용액을 사용하는 표준 수소 전극(SHE)를 기준 반응으로 둘 수 없다. 또한, 전지에 따라 용매의 종류 및 구성비가 다르므로 특정 용매로 구성된 기준 전극을 사용할 수 없다. 다양한 반응과 다양한 용매의 경우의 수가 있음에도 공통적으로 적용되는 반응을 사용하여 기준을 정하는데, 그 기준 반응은 리튬 이온 환원 반응이다. 흑연을 이용한 반전지의 상대 전극이 리튬 포일이며 전지 속에 리튬 이온 전해질이 있으므로 충방전 시의 전압의 변화는 이 기준 전극(Li/Li^+) 대비한 변화라고 해도 큰 무리가 없다. 기준 전극으로 금속 전극을 사용하고, 전해액의 성분이 다양한 경우의 전극을 유사 기준 전극(pseudo reference electrode, 다음 환원 반응식 3-6 이용)이라고 한다. 일반적인 기준 전극과 다르게 전극의 표면 성분이 지속적으로 변하고 리튬 전해액 구성도 서서히 달라지기 때문에 기준 전압이 조금씩 변하는 단점이 있지만, 보편적으로 받아들일 수 있는 수준을 제공한다. 또한 반응식 (3-6)에서 리튬 금속의 농도는 금속이 존재하는 한 변화하지 않고, 리튬 이온의 농도는 미세한 변화가 발생하므로 기준 전극으로서 기준이 아주 조금 흔들릴 수 있으나, 충분한 양의 전해질을 사용한다면 그 변화도 미미하다고 하겠다.

$$Li^+ + e^- \rightleftharpoons Li\,(s) \quad (3\text{-}6)$$

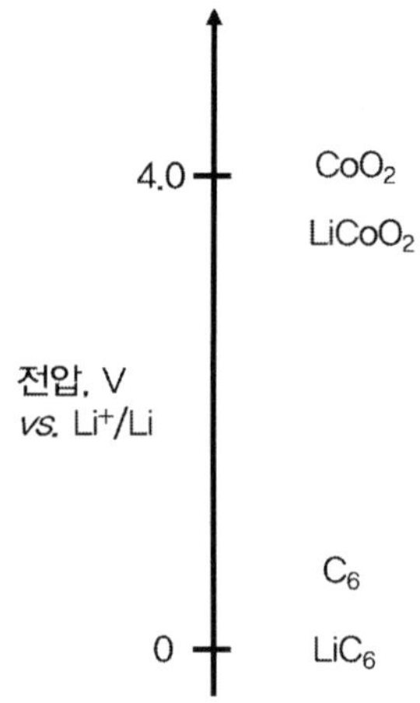

그림 3-15 흑연과 LCO 전극에서의 상대적인 전압.

흑연 반전지의 경우와 동일하게 양극 활물질의 반전지에도 리튬 포일이 하나의 전극을 구성하므로 충전과 방전 중의 전압은 기준 전극 대비한 전압의 관찰이다.

양극과 음극의 특징에 대해서 간단히 설명하면 그림 3-15와 같다. 전지 활물질의 표준 상태(25°C, 1 M, 1 bar)를 만족시킬 수는 없지만, 표준 상태로 가정하고 표준 환원 전위를 이용해서 설명하겠다. 표준 환원 전위가 높은 물질은 환원의 경향이 크고 반대로 표준 환원 전위가 낮은 물질은 산화의 경향이 크다. $LiCoO_2$와 흑연을 각각 전극으로 구성된 전지를 조립하면, 양극 활물질은 $LiCoO_2$(환원 상태)와 $Li_{1/2}CoO_2$(산화 상태) 두 가지 상태가 반응에 참여하고 흑연은 LiC_6(환원 상태)와 C_6(상화 상태)가 반응에 참여한다. 그림 3-15는 각 참여 물질의 전압 위치를 대략적으로 배치한 것으로, 그림 위로 갈수록 전압이 높은 상태를 의미한다. 그림 3-15의 흑연과 LCO를 이용해서 전지를 구성한다면, 표준 환원 전위가 높은 물질은 환원 상태를, 표준 환원 전위가 낮은 물질은 산화 상태를 형성하는 것이 자발적이다. 자발적인 반응은 방전 과정이므로 코발트 산화물은 환원형인 $LiCoO_2$로, 흑연은 산화형인 C_6로 되어 두 전극 간의 전압차가 감소하는 반응을 보여 준다(그림 3-16). 반대로 충전은 비자발적인 반응이므로 양극과 음극의 산화/환원 형태가 역전된다. 비자발적 반응은 외부로부터 에너지를 제공받아서 반응이 일어나면서 전극 간의 전압차가 증가하도록 한다. 그림 3-16은 자발적 반응과 비자발적 반응의 상화 상태 및 전압차를 설명하는 그림이다. 전지를 어떻게 구성하든 두 개의 물질 간의 전압차가 있어야 하며, 상대적으로 높은 전압을 가지는 물질은 양극, 낮은 전압을

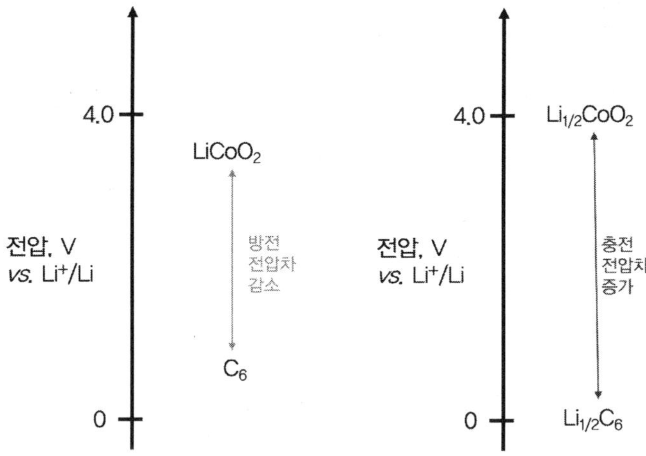

그림 3-16 흑연과-LCO 전지의 충방전 시의 전압 변화.

가지는 물질은 음극으로 정해진다. 아울러 충전 상태는 높은 에너지를 가지는 상태이지만, 높은 에너지를 유지하는 물질의 그 상태를 유지하는 안정성이 있어야만 전지를 충전한 후 에너지를 저장할 수 있다. 그림 3-16과 같이 음극과 양극 활물질을 각각 사용하여 전지를 구성하는 형태는 완전지라고 한다. 앞에서, 리튬 금속과 흑연을 사용하여 조립한 전지를 반전지라고 하였는데, 이는 리튬 금속 대비하여 흑연의 거동을 관찰하기 위한 용도로 사용되었으므로 반전지라고 호칭한 것일 뿐, 관찰의 목적이 없다면 리튬 금속–흑연 전극으로 구성된 완전지라고 호칭해도 무방하다.

본 실험은 코발트 산화물 활물질 전극의 충방전을 관찰하기 위한 것이다.

2 기구 및 시약

리튬 포일(두께 0.5 mm 이상의 금속박), $LiNi_{0.6}Co_{0.2}Mn_{0.2}O_2$(천연 흑연) 또는 LCO, 코인셀 set 부품 5개(CR2036 형 코인셀 부품), 코인셀 조립기, 전극 제단용 puncher(원형 지름 14 또는 15 mm), 분리막(seperator) 제단용 puncher(원형 지름 19 mm).

전해액: 1 M $LiPF_6$ in Ethylene carbonate(EC) / ethylmethyl carbonate(EMC) = (3:7 vol%)
장비: Battery cycler(또는 potentiostat), dry box(glove box), 알루미늄 포일, 두께 15 μm
분리막(Polyethylene, polypropylene 소재의 리튬 전지용 격리막 또는 다양한 재질의 거름종이), 바인더(PVdF), 전극 분산 용매(NMP), 카본 블랙

3 실험 과정

실험의 순서는 흑연 전극의 순서와 동일하다(전극 제작, 코인셀 조립, 전지의 충전과 방전, 전지의 쿨롱 효율 계산).

양극 활물질이 LCO 대신 코발트 함량을 줄인 만큼 니켈과 망가니즈가 포함된 $LiNi_{0.6}Co_{0.2}Mn_{0.2}O_2$을 사용하였다. $LiNi_{0.6}Co_{0.2}Mn_{0.2}O_2$를 전이 금속 약자를 따라 NCM 활물질이라고 부르며 전이 금속의 비율이 각각 60:20:20인 것을 표기하여 NCM622이라고 한다. 예를 들면, $LiNi_{0.8}Co_{0.1}Mn_{0.1}O_2$인 경우는 NCM811이라고 부른다. NCM622은 최근에 상용화되어 사용량이 증가하고 있는 소재이다. 흑연 전극의 실험과 차이점만 설명한다.

1) 전극 제작

혼합 용기 속에 0.24 g의 PVdF, 5 mL의 NMP를 넣고 PVdF를 용매에 균일하게 용해(분산)되도록 한다. 혼합 용기를 믹서에 넣고 2~3분 PVdF가 고르게 녹을 수 있도록 교반한다.

PVdF가 균일하게 NMP에 녹으면 0.28 g의 carbon black과 NCM622 3.48 g을 차례로 용기에 넣고 약 12분 동안 교반한다. 교반이 완료되면 점도가 있는 반죽이 준비된다. 반죽을 집전체(알루미늄 포일)에 균일하고 얇게 도포하기 위해서 코팅 블레이드를 사용한다. 구리를 사용하는 음극과 달리 양극에 알루미늄 집전체를 사용한다.

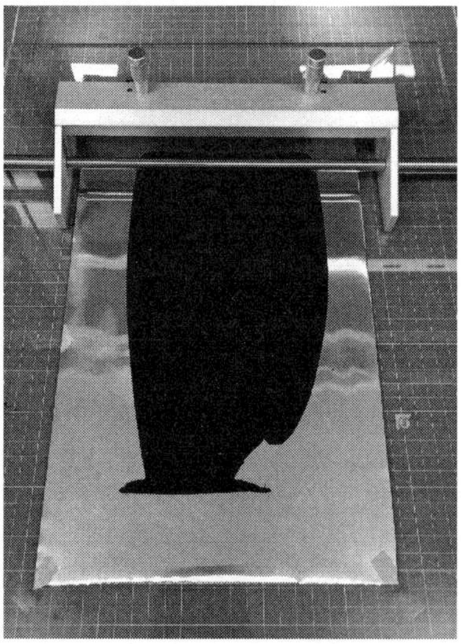

그림 3-17 양극 활물질의 슬러리 코팅.

그림 3-17은 알루미늄 집전체에 도포된 반죽이다. 이 전극을 건조하고 재단하고 전지 조립에 사용한다. 그 외의 과정은 흑연 전극과 동일하다(그림 3-18).

Cut-off 전압은 음극이 흑연 전극과 대비되는 4.3, 3.0 V로서 양극 활물질에서는 높은 전압을 사용한다. 그림 3-19는 충전(점선)과 방전(실선)의 과정의 전압 변화와 전하량을 보여 준다. 이를 통해서 제공되는 전압과 단위 무게당 전하량을 알 수 있고, 쿨롱 효율도 알 수 있다. 실험에 따라 cut-off 전압을 다르게 하여 실험을 할 수도 있다.

양극 활물질이 제공하는 전하량은 방전이 종료되었을 때의 전하량, 대략 180 mAh/g 이다. 전압은 일정하지 않고, 방전하는 동안 조금씩 감소하고 있다. 4.3 V에서 방전을

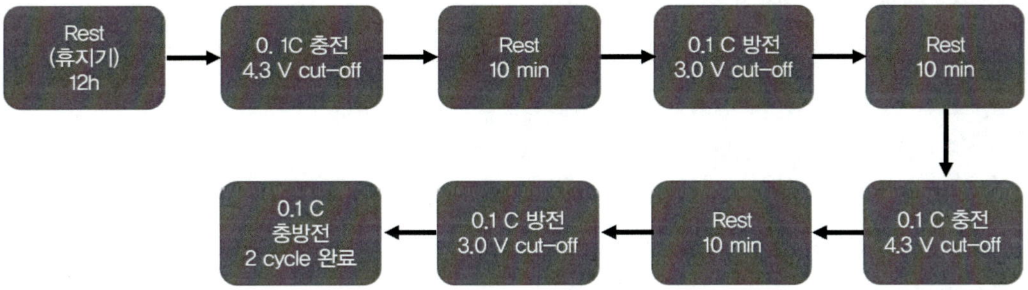

그림 3-18 양극 반전지 충전-방전의 순서 예. 상한 및 하한 전압은 필요에 따라 조금씩 조절하여 실시할 수 있다.

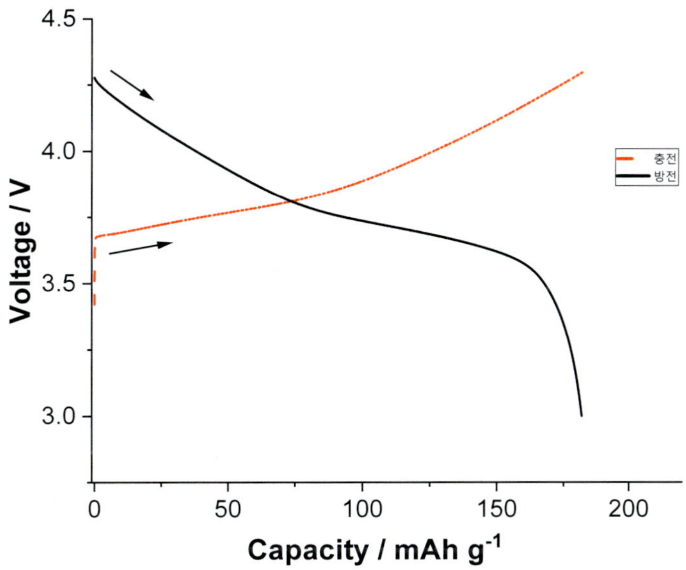

그림 3-19 NCM622 전극의 충전과 방전.

시작하여 170 mAh/g 지점까지 전압의 천천히 변하며, 방전이 종료되는 시점에 도달하면 전압이 급격히 감소한다. 전압의 변화가 느린 구간을 평탄 구간이라고 하며, 전지들의 산화와 환원 반응이 활발한 전압 구간이다. 전지의 전압이 계속 변하므로 에너지를 구하기 위한 전압을 지정할 수 없다. 대신에, 그림에서 방전 곡선의 전압 vs. 전하량 그림을 적분하면 에너지를 구할 수 있다. 그리고 전하량은 단위 무게당 전하량(전하 밀도)이므로 적분에 의해서 구해지는 에너지는 에너지 밀도(specific energy)가 된다. 적분은 소프트웨어로서 쉽게 할 수 있지만, 그런 조건이 없다면 평탄 구간의 중간값(전압)과 전하량(180 mAh/g)을 이용해서 대략적인 에너지를 구하기도 한다.

2) 리튬 이차 전지의 완전지

완전지는 리튬 금속을 사용하는 반전지와 달리 리튬 금속을 사용하지 않고, 흑연과 금속 산화물 전극으로 조립된 전지를 일컫는다. 앞에서 제작한 2종류의 전극으로 전지를 조립하되 흑연과 NCM의 단위 무게(g)당 전하량은 대략 2:1이 되므로 양쪽 전극의 활물질이 동일한 무게로 사용된다면 음극이 과도하게 사용되는 것이다. 따라서 활물질의 무게는 흑연:LCO가 1:2가 되도록 전극을 제작한 후, 전지 작동의 효율을 높이기 위해 전극에 활물질 양(두께)을 미세 조정한다(cell balance).

실험 11-3. 리튬 전지의 코인셀을 이용한 CV

1 이론

코인셀은 2개의 전극으로 제작된 셀이므로 기준 전극이 없고, 2개의 전극 간의 전압의 변화만 주기 때문에 각 전극의 전압값은 알 수 없다. 2전극 실험을 하면서 각 전극의 전압을 측정하는 실험 방법도 있으나, 이런 내용은 대학원 심화 과정에 속하므로 여기에서는 생략하도록 하겠다. 전지를 충전과 방전할 수 있는 장비를 가지고 있다면 그 장비에 코인셀을 연결하여 전압을 원하는 속도로 주사할 수 있다. 만약에 potentiostat을 가지고 있다면, 케이블은 2개만 필요하므로 3개의 케이블을 다음과 같이 2개로 만든다.

작업 전극 케이블 1개, 상대전극+기준 전극 케이블을 연결하여 1개의 케이블로 만들어 2개의 케이블로 실험을 할 수 있다.

2 실험 과정

실험 9-2에서 조립한 NCM622을 이용한 코인셀을 준비한다.

potentiostat을 사용한다면, 양극을 작업 전극에, 리튬 전극을 상대 전극 + 기준 전극이 연결된 케이블에 연결한다. 충방전기(cycler)를 사용해도 무관하지만, 때로는 충방전기의 전류 영역이 측정에 필요한 전류와 맞지 않을 경우가 있으므로 사전에 확인이 필요하다. 예를 들면 작은 전류 변화를 정밀하게 측정하기에는 부족한 경우가 종종 있다. 시작 전압은 OCV로 하는데, OCV는 통상 3.0 V 내외에서 형성된다. 상한 전압은 4.3 V로 정하고 주사 속도가 0.1 mV/s가 되도록 아주 천천히 주사한다. 상한 전압에 도달하면 다시 OCV 방향으로 주사를 진행하여 실험을 종료한다. 조립하고 바로 사용하는 전지는 첫 몇 사이클 동안은 전극이 충분히 적셔지지 않을뿐더러, 전극에서의 전해액 분해가 활발하므로 사이클마다 CV 곡선 형태가 변한다. 다섯 사이클 이상 진행하여 재현성 있는 곡선이 얻어지면 결과를 저장하여 사용한다. 주사 속도를 아주 느리게 하는 이유는, 고체 속으로 리튬이 삽입과 탈리되는 과정이 아주 느리므로 주사 속도가 빨라질수록 전압을 변화하는데 전류(반응)의 감지되지 않을 수 있기 때문이다. 느리다는 의미는 앞에서 용액으로 측정한 가역 반응에 비하면 아주 느리다는 것이며, 가역 반응 측정에 사용되는 주사 속도는 전지의 2전극셀의 측정에는 너무 빠른 속도이다.

그림 3-19의 충전과 방전 시의 평탄 전압이 형성되는데, 전지의 산화 환원이 가장 활발한 전압이 어디인지를 확인하기 위해서 CV를 측정하여 봉우리 전압으로서 특정할 수 있다. 이때 확인하게 되는 충전의 봉우리 전압(3.86V)과 방전의 봉우리 전압(3.68V)를 기록한다. 사용하는 활물질에 따라서 전압이 상이하다.

3 심화 학습

NCM622 대신에 LCO 전극 또는 $LiFePO_4$(LFP)로 동일한 실험을 실시하여 봉우리 전압을 확인해 보자.

그림 3-19의 충전과 방전 중에 얻은 Q(전하량) vs. E(전압) 데이터를 가공해서 dQ/dV vs. E 그래프를 그려보자. 참고로 미분값을 그려보면 그림 3-21과 같은 그림이 얻어진다. 그림 3-21은 3-20의 CV와 유사한 모습이 보이며 가장 반응이 많이 발생한 전압을 알려주는 정보는 동일하다. 하지만 CV는 반응 속도(전류)가 빠른 전압을 지시하는 것

이고, 그림 3-19는 반응 시간(Δt)이 많이 소요되는 전압을 의미하므로, 평탄 전압(또는 전지가 방전 때 제공하는 전압, 통상적으로 공칭 전압)을 확인하는 데 적합하다. 이때 얻어지는 전압으로 전지의 에너지를 구하는 데 사용할 수 있다. 그림 3-21을 보면 전지의 충전 과정에서 2개의 평탄 전압(변곡점)이 관찰되는 것을 통해, NCM622의 산화 반

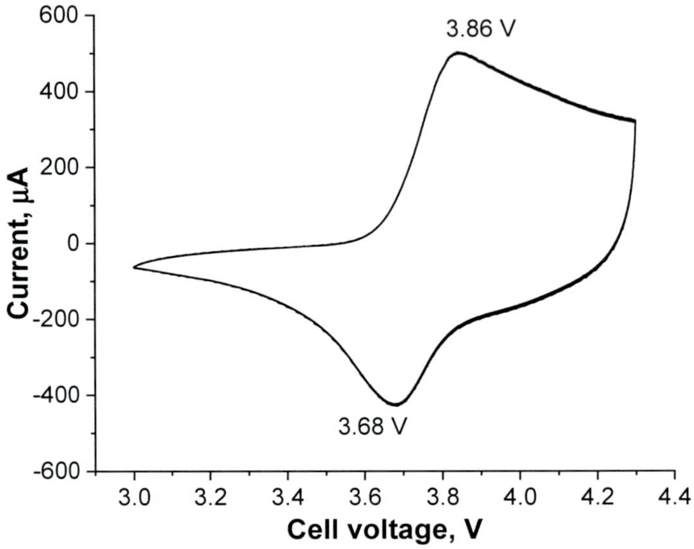

그림 3-20 NCM622 전극의 반전지를 이용한 CV.

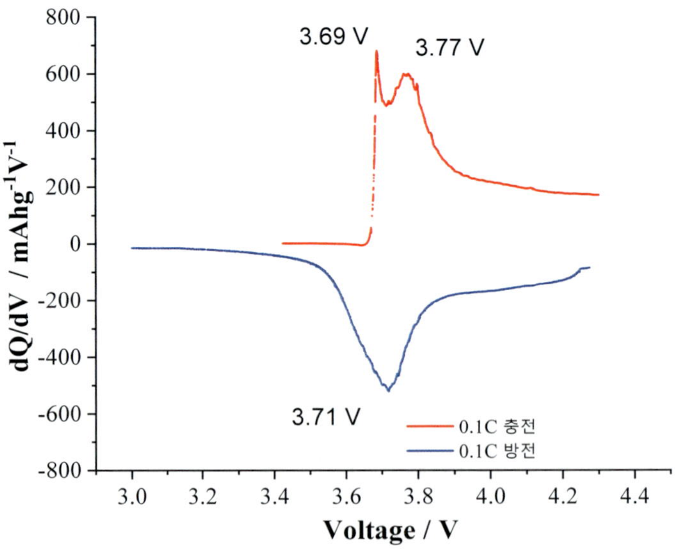

그림 3-21 NCM622 전극의 반전지를 이용한 CV.

응이 최소한 2단계를 거쳐서 일어남을 알 수 있다.

4 실험 결과 및 토의

① 각자의 실험실에서 준비할 수 있는 활물질(양극용 또는 음극용)로 코인셀 반전지를 조립하여 준비한다. 준비된 활물질 전극에 따라 CV 또는 dQ/dV vs. E를 측정하여 활물질이 제공하는 공칭 전압을 확인한다.

② 커패시터의 커패시턴스의 계산은 방전 또는 충전곡선의 $\Delta Q/\Delta V$ 의 계산으로부터 얻는다. 그림 3-21의 y축의 값도 동일한 단위이므로 커패시턴스에 해당한다. 전지의 충방전 그래프에서 커패시턴스 값은 어떤 해석을 가능하게 하는가?

실험 12-1. 슈퍼커패시터의 코인셀 충전과 방전

전기장의 인가에 의해서 분극이 되는 특징을 이용하여 에너지 저장을 하는 저장매체를 커패시터라고 한다. 커패시터는 유전율이 높은 용매(또는 부도체인 고체)와 2개의 전극으로 구성된다. 유전율이 높을수록 많은 에너지를 저장한다. 2개의 전극 간의 거리(d)와 전극에 인가한 전압(V), 유전율(ε)에 의해서 전하 밀도(σ_ε)가 결정된다.

$$E(\text{전기장}) = \frac{\sigma}{\epsilon} = \frac{V}{d} \tag{3-7}$$

$$V = Ed = \frac{\sigma}{\epsilon} = \frac{Qd}{\epsilon A} \tag{3-8}$$

$$C(\text{커패시턴스}) = Q/V\text{이므로}\quad C = \frac{\epsilon A}{d} \tag{3-9}$$

커패시터의 저장 에너지는 1/2 QV이다. 이는 전지와 다르게 전압이 일정 전류 충전과 방전에서 선형 변화를 하기 때문이다. 에너지는 식 (3-10)으로 구할 수 있다.

$$\text{에너지} = ½QV = ½CV^2 \tag{3-10}$$

에너지에 기여하는 커패시턴스(식 3-9)는 유전율이 큰 매질과 전극 간의 거리에 의해서 결정된다. 유전체는 분극(유전율이 높고)은 하지만 해리가 되지 않는 전압이 높을수록 많은 에너지를 저장한다. 이와 같은 관계식은 2개의 크기가 같고 평형한 전극으로 이루어진 커패시터에 적용된다.

전자제품의 부품으로서의 커패시터는 그림 3-22와 같이 전극 면적(A), 전극 간 거리(d), 전극 간에 채워져 있는 유전체(dielectric)의 유전율(ε)에 영향을 받아 그 용량(C, Capacitance)이 달라진다(식 3-9). 유전체로는 진공, 유리, 플라스틱, 세라믹, 반도체 등이 사용된다.

커패시터의 전극 사이에는 단락을 방지하기 위해서 부도체인 고체가 채워지는데 유

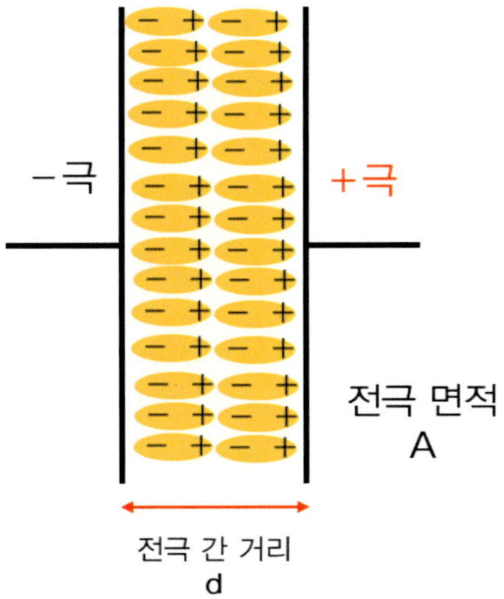

그림 3-22 커패시터에 전압이 대전 되었을 때 유전체가 분극되는 모습.

전율이 높은 물질을 얇게 만들어서 사용할수록 에너지 저장을 많이 할 수 있다. 전극의 면적을 크게 하거나, 전극 간의 거리를 줄이면 용량을 극대화할 수 있지만, 전자제품의 소자로서의 전극 간의 거리(*d*)를 줄이는 데에는 한계가 있다. 에너지 저장을 주된 용도로 사용하는 커패시터는 전극 간의 물질로서 용액을 사용하므로, *d* 값의 크기가 전극 간의 거리가 아닌 전극에 흡착된 이온과 전극 간의 거리로 사용함으로써 *d*를 최소화하여 저장량을 극대화한다.

에너지를 증대하기 위해서는 전지의 경우와 유사하게 용량과 전압을 향상시키면 되는데, 커패시터의 에너지 저장은 전지의 에너지 저장에 이용되는 산화와 환원 반응이 관여하지 않는다. 전극으로 사용되는 물질은 산화와 환원이 거의 발생하지 않는 물질인 탄소 소재(활성탄)를 사용하고, 일정 전압 또는 일정 전류를 사용하여 충전하되, 커패시터에 사용되는 물질(전극, 전해질, 집전체, 분리막)들이 산화와 환원이 되지 않는 전압 영역 내에서 충전과 방전을 하면서 저장매체로 사용된다. 슈퍼커패시터는 커패시터로서 에너지 저장 기능을 극대화한 커패시터라고 할 수 있다. 활성탄을 이용하는 슈퍼커패시터는 커패시터에 전압을 올리게 되면, 마치 전도도를 측정하는 전극과 같이 전극의 하전과 반대되는 이온이 이끌려 와서 전극에 흡착된다. 이와 같은 커패시터를 슈퍼커패시터 중에서도 electrochemical double layer capacitor(EDLC)라고 부른다. 이렇게 부르는 이유는 그림 3-23에서 찾아볼 수 있다. 그림은 커패시터의 에너지 저장 과

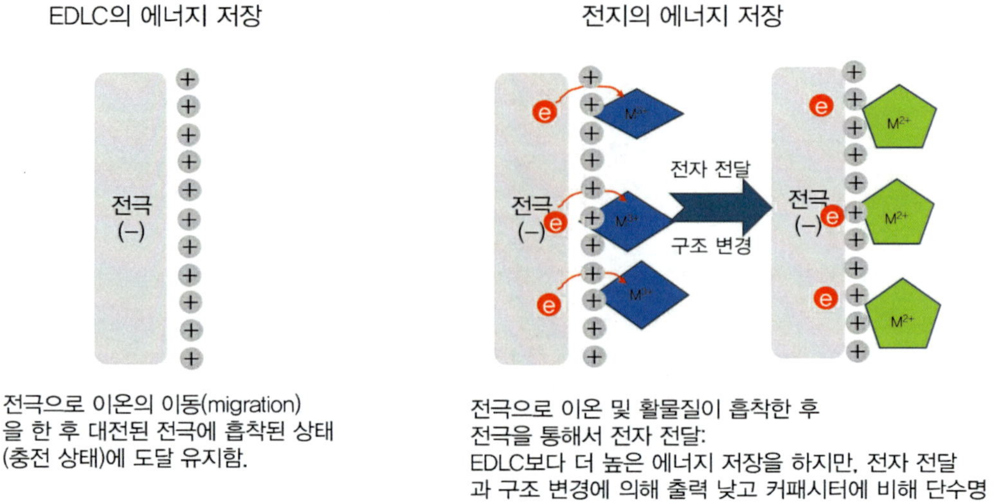

그림 3-23 EDLC와 전지의 차이점.

정에서 전극(−)에 양이온이 이끌려 와서 표면에 흡착한 모습이다.

그림 3-23 왼쪽의 모습이 전극과 이온이 2개의 층으로 배열된 모습이기에 이것을 전기 이중층이라고 한다. 실제로 이온의 흡착층은 단일 층 이상이며 조금 복잡한 구조이지만 단순하게 그림 3-23과 같이 이중층으로 설명할 수 있다. 전지(우측 그림)에서는 커패시터의 이중층이 형성된 이후 전극이 전극 표면에 다가온 활물질에 전자를 전달하는(또는 전달받는) 전자 전달 과정이 추가된다. 모든 전지는 그림 3-23처럼 이온의 흡착과 탈착이 병행되므로 이온의 흡탈착과 산화/환원에 의한 저장을 모두 포함하고 있다.

커패시터는 전지에 비해 에너지 밀도가 낮지만 사용하는 전류는 아주 높으므로 높은 출력을 짧은 순간 사용하는 용도로서는 장점이 있다. 아울러 전지의 활물질처럼 산화 및 환원을 거치는 동안 활물질 구조변화와 이에 따른 피로도가 낮기 때문에, 전지에 비해 아주 긴 시간(또는 사이클)의 수명을 가지는 장점도 있다. 에너지 밀도가 낮은 단점을 극복하기 위해서, 이온이 흡・탈착할 수 있는 전극의 표면적을 극대화하여 커패시터로서 에너지 저장량을 늘리기도 한다. 활성탄은 단위 무게당 표면적이 아주 큰 소재로서 커패시터 전극의 면적(A)을 증가시키는 역할에 활용된다.

EDLC에서 에너지 저장량을 늘리는 또 하나의 방법으로는 이중층간의 거리(d)를 아주 짧게 하는 것이다. 식 (3-9)에 의하면, 커패시터는 전극 간 거리(d)에 해당하는 이중층을 사용하지만, 앞서 설명한 것처럼 EDLC는 그림 3-23에 표현된 전극과 이온 간의 거리에 해당하는 아주 짧은 거리를 활용하므로 커패시턴스 증대 수준은 상당히 커지게 된다.

그림 3-24는 EDLC에서 전극 활물질로 사용되는 활성탄의 기공을 표현한 것이다. 그림에서 전극의 표면 구조를 평면으로 표현했지만, 전극 소재인 활성탄은 아주 작은 직경을 가지는 구형의 다공성 탄소 소재이다. 입자의 크기도 아주 작아서(10 μm 이내) 입자가 주는 넓은 표면적도 있지만, 개별 입자 내부에 형성된 미로 같은 기공(pore)이 엄청난 표면적을 제공하므로 이온이 흡착할 수 있는 넓은 표면적을 제공한다. 구형으로 표현된 작은 활성탄 입자가 페인트처럼 집전체에 도포되어 전극이 제작된다.

그림 3-25는 일정 전류를 사용하여 충전할 때 전압이 선형으로 증가되면서 그림 3-24의 활성탄의 기공 깊숙한 표면으로 점점 흡착하는 시간에 따른 전압 변화를 보여 준다. 일정 전류(정전류)를 사용하였으므로 시간이 증가하는 만큼 전하량이 선형적으로 증가한다.

$$Q = i \times t \tag{3-11}$$

전압이 낮을 때는 낮은 에너지로도 쉽게 흡착할 수 있는 활성탄의 표면과 표면에 가까운 기공 입구에 주로 흡착하고 기공의 깊은 부분은 기공의 직경이 좁으므로 이온이 낮은 에너지(전압)로 진입하기 어렵다. 전압을 증가시키면 점점 좁은 기공 영역에도 도달하여 더 많은 수의 이온이 활성탄 내 외부에 흡착하게 된다. 충전 시간이 증가할수록 전하량과 전압이 동시에 증가하여 에너지 저장량이 증가하는 것이다. 방전은 충전의 반대 방향으로 흡착된 이온도 감소하고 충전된 전하량과 전압이 감소한다.

그림 3-26은 전지가 일정 전류(정전류)로 충전되고 방전될 때의 전압 변화를 보여 주고 있다. 전지는 커패시터와 다르게 산화 또는 환원을 통해서 충전과 방전을 한다. 또한 산화 및 환원이 발생하는 전압은 특정 전압의 좁은 전압 구간에서 발생한다. 그림과 같

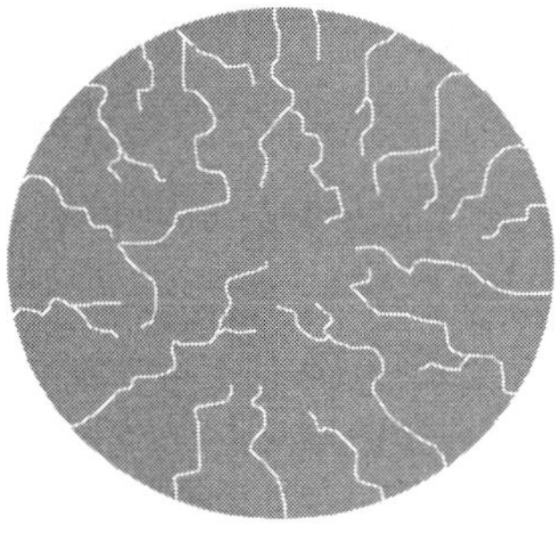

그림 3-24 활성탄의 모형과 기공.

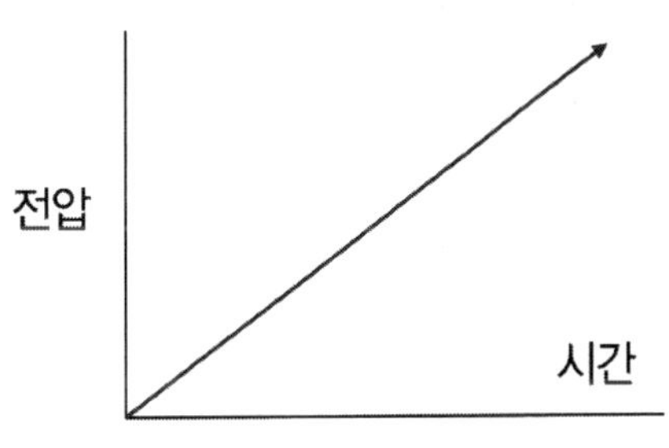

그림 3-25 일정 전압 충전 시 전압 대 시간 그래프.

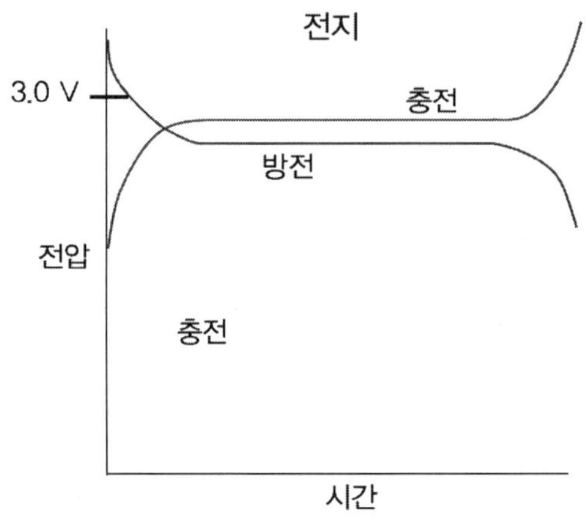

그림 3-26 전지의 충전과 방전 시 전압의 변화.

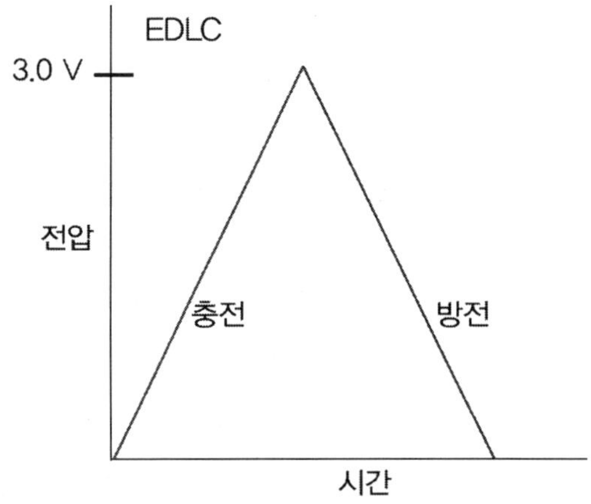

그림 3-27 EDLC의 충전과 방전시 전압의 변화.

이 충전의 과정에서 평탄 전압은 산화 및 환원이 압도적으로 발생하는 패러데이 전류의 발생 구간이다. 평탄 전압은 그림 3-19에서도 표현하였으며 그림 3-26과 같은 완전한 수평면을 형성하지는 않더라도 전압의 변화가 커패시터의 선형적 변화(그림 3-25)와는 완전히 구분되는 모습을 보여 준다. 전지의 충전이 완료되면 평탄 구간으로부터 벗어나서 전압이 증가한다. 방전도 시작(약 3.2 V)에서 전압이 서서히 낮아져서 평탄 구간을 형성하고 방전이 종료된다. 이와 같이 전지는 평탄 전압을 발생하는 특징을 가지고 있다. 이와 반면에 EDLC는 평탄 전압 구간이 없다. 그 이유는 패러데이 전류를 발생시키는 산화 및 환원 반응이 없기 때문이다. 그림 3-27은 EDLC 정전압 충전과 방전 시의 전압 vs. 시간 그래프이다. 전지에서도 커패시터 거동을 보여 주는 구간이 있는데 평탄 전압 구간에서 벗어나 전압이 급격하게 변하는 구간의 말단에서는 그림 3-27처럼 전압이 선형적인 변화를 보여 주는 부분이 있고, 그 기울기가 급격하다.

정전류(i)를 이용하여 특정 시간(t) 동안 충전하였을 때의 전하량은 식 (3-11)로 계산할 수 있다. 그리고 전압은 선형으로 변하기 때문에 에너지를 계산하려면 그림 3-28의 좌측 그림 x축(시간)에 전류(정전류)를 곱하여 x축을 전하량으로(우측) 변환시키면 된다.

전압이 선형으로 변하므로 밑변이 Q, 높이가 E인 삼각형의 면적이 곧 방전 때 제공되는 에너지이다.

$$\text{커패시터의 에너지} = 1/2\ (E \times Q) \quad (3\text{-}12)$$

커패시터의 저장 능력은 커패시턴스(C)로 표기하며 이는 단위 전압 증가에 따라 저장할 수 있는 전하량이다. 커패시턴스는 전극 물질(활성탄)의 표면적과 연관된 값이며, 측정으로 얻을 수 있다. 식 (3-13)과 같이 커패시턴스(C)는 전압을 1 V 증가시킬 때 저장하는 전하량(Q)으로 측정된다. 일정 전류로 충전하는 커패시터의 경우 해당 전류를 사용하여 1 V 증가시키는 데 소요되는 시간을 재서 커패시턴스를 구한다.

$$C = (i \times \Delta t)/\Delta V = Q/\Delta V \quad (3\text{-}13)$$

그림 3-29는 커패시터가 일정 전류로 충전될 때 전압이 변하는 양상을 보여 주며, 직선의 변화로부터 ΔV, Q를 구해서 사용하는 커패시터의 저장 능력(커패시턴스)을 구

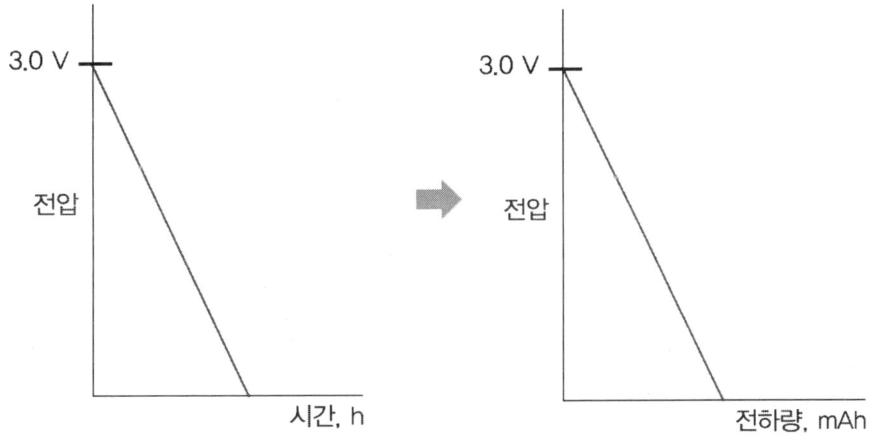

그림 3-28 EDLC의 전압과 전하량의 관계.

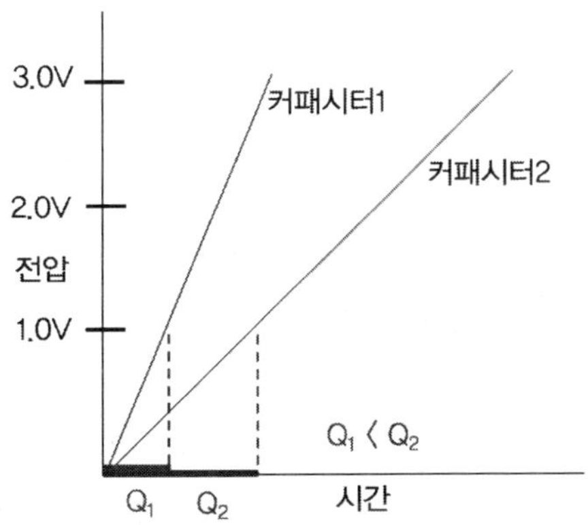

그림 3-29 저장 능력이 다른 2종류의 커패시터에서 전압 거동.

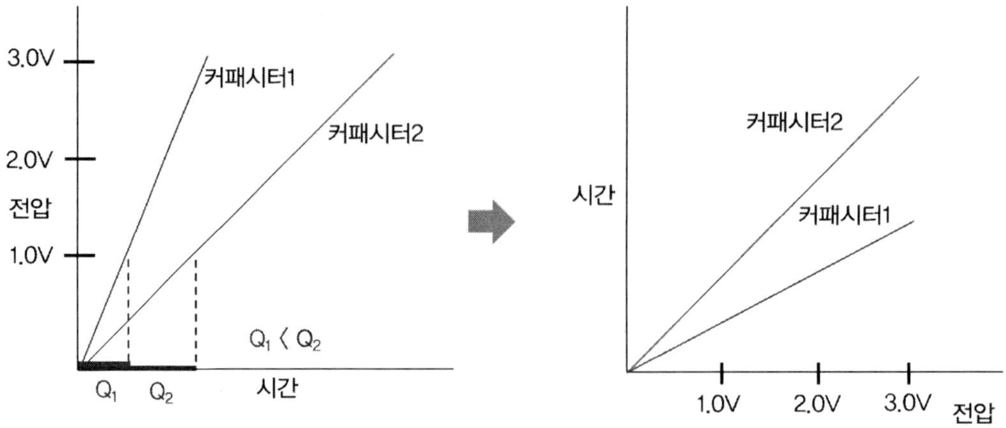

그림 3-30 커패시턴스 계산.

할 수 있다. 그림에서 보듯이 두 가지 다른 EDLC가 있을 때, 충전에 사용한 전류가 동일하다고 하더라도 전압이 상승하는 기울기가 다르면, 각 커패시터의 저장 능력이 달라진다.

커패시터1과 2는 동일한 전류로 충전되었고 1 V까지 충전에 도달하는 시간에 비례하여 전하량이 달라지며 커패시터2에서 1 V에 도달할 때가 커패시터 1보다 더 큰 전하량을 충전할 수 있으므로 커패시터2의 커패시턴스(C_2)는 커패시터1의 커패시턴스(C_1)보다 크다. 저장 능력이 큰 커패시터는 충전이 진행되어 전압이 증가할수록 그에 비례하여 더 큰 에너지를 저장한다.

전압 vs. 시간 그래프를 *x*축과 *y*축을 서로 바꾸어 변환하여 그리면 단위 전압이 변하는 시간의 그래프로 바꿀 수 있다(그림 3-30). 커패시턴스 계산식을 다음과 같이 변형하면

$$C = (i \times \Delta t)/\Delta V = i \times (\Delta t/\Delta V) \quad (3\text{-}14)$$

($\Delta t/\Delta V$)는 변환된 그래프에서 얻을 수 있는 직선의 기울기이므로 커패시턴스를 기울기로부터 구하는 것을 도식으로 이해할 수 있다.

표면적이 큰 활성탄을 이용해서 셀을 제작하면 커패시턴스가 증가하는 것을 설명하였다. 또는 동일한 활성탄을 사용하더라도 단위 면적이 더 많은 이온이 흡착할 수 있도록 이온의 크기가 작은 이온을 사용하면 저장 능력이 증가한다. 이제 다음 과정의 실험을 통해 커패시터의 조립을 살펴 보자.

2 기구 및 시약

EDLC용 활성탄, 카본 블랙, Carboxymethylcellulose(CMC), Stylene butyl rubber(SBR), 알루미늄 포일, 증류수, 전극 제작용 puncher, 분리막용 puncher, 장비는 전지에 사용되는 장비와 동일하다.

3 실험 과정

전극 제조에 사용되는 물질로는 활물질인 활성탄과 도전성 개선을 위한 카본 블랙이 사용되고 바인더 역할을 하는 CMC와 SBR이 사용된다.

① 활성탄 : carbon black : CMC : SBR의 무게비가 81 : 12.8 : 2 : 4.2가 되도록 혼합하며 이때 혼합 용매로서 증류수를 4 mL 사용한다.

② 전지의 전극을 만들 때와 동일한 혼합 용기와 믹서를 사용하여 고루 혼합되도록 10분간 교반한다. 앞서 전지의 전극을 제조할 때 설명한 것처럼 임펠라(스크루) 형태의 교반기를 사용하여 전극 물질 혼합물(슬러리)을 만들어도 무방하다.

슬러리 제조

① 전극 제조 하루 전에 CMC 1.1 wt% 용액을 미리 만들어 둔다.

② 혼합 용기에 0.512 g의 카본 블랙과 3.24 g의 활성탄, 7.27 g의 1.1 wt% CMC 용액을 혼합한다. 이때 스패츌라로 혼합하다가 용액이 적당히 혼합된 후 혼합 믹서를 사용하여 12분 교반한다.

③ 교반된 슬러리에 40 wt% SBR 수용액 0.42 g과 증류수 2 mL를 추가한 후 3분 더 교반하여 최종 전극 슬러리를 완성한다.

④ 슬러리를 알루미늄 포일에 닥터 블레이드 방법으로 도포한 후, 오븐에서 80°C, 12시간 동안 건조한다(그림 3-31).

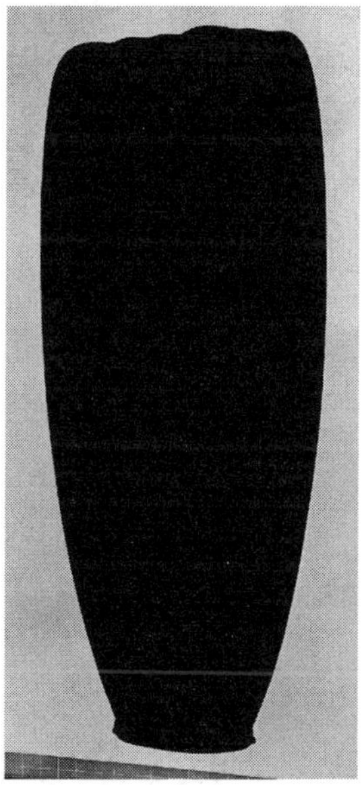

그림 3-31 알루미늄 포일에 도포 후 건조된 전극.

전극의 재단

① 건조된 전극을 그림 3-32와 같이 재단한 후, 재단된 각 전극의 두께를 측정한다.

② Roll press를 이용하여 전극을 압연한 후, 줄어든 두께를 확인한다. 사용하는 용도에 맞게 반복 압연을 통해서 필요한 두께와 밀도에 도달한다.

③ 압연된 전극을 punching 도구를 통해서 지름 14 mm가 되도록 2개 자른 후 진공 오븐(40°C)에서 24시간 건조한다. 전극의 지름은 필요에 따라 더 크게 자를 수 있지만 격리막의 직경보다는 작게 하여 단락을 방지한다.

④ 건조가 종료되면 저울에 무게를 측정한 후, 곧장 글로브 박스로 이동시킨다. 커패시터에 사용한 분리막은 재질이 여러 종류이지만 종이 소재(전해지)를 사용하며 직경 20 mm가 되도록 재단한다. 코인셀 조립은 글로브 박스에서 실시한다.

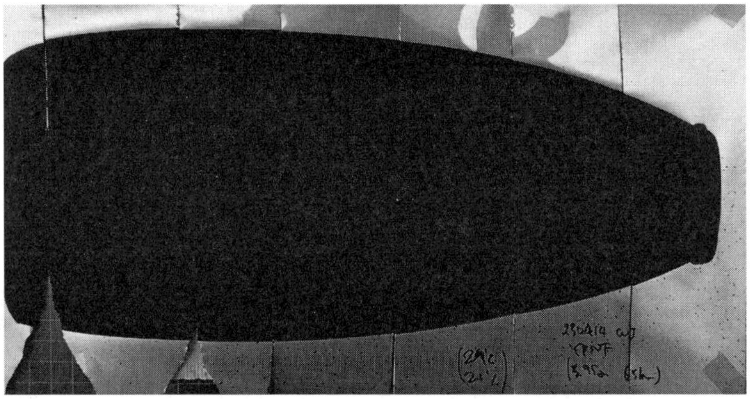

그림 3-32 필요한 크기로 재단된 전극.

코인셀 조립

① Cell bottom을 바닥에 두고 전극 1, 분리막, 전해액, 전극 2, spacer(1 mm 두께), wave spring, gasket, cap 순서로 차례로 쌓는다. 이때 전해액은 1 M tetraethylammonium tetrafluoroborate(TEA BF_4) in 아세토나이트릴 용액이며 마이크로 피펫으로 30~40 μL를 투여하고, 전극 두께에 따라 조절한다.

② 차례대로 쌓은 각종 부품은 전지 조립기(crimping machine)으로 최종 조립된다.

그림 3-33은 EDLC 조립에 사용된 2개의 전극과 마이크로 피펫이다. 전극 무게를 표기하였으며, 충방전에는 활물질의 무게를 기준으로 전류를 적용하므로, 전극에서의 활

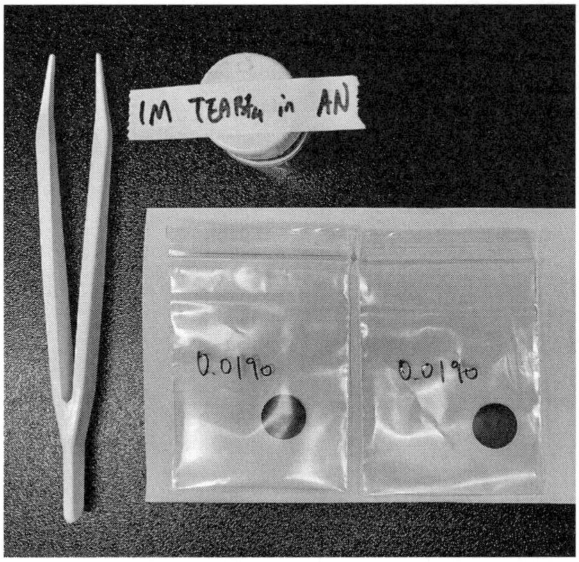

Micro pipette

그림 3-33 EDLC용 전극 및 마이크로피펫.

물질의 무게비와 알루미늄 포일의 무게는 미리 알고 있어야 하는 실험값이다. 알루미늄은 전극과 동일하게 재단하여 무게를 얻으면 되겠다. 코인셀 부품들의 그림은 리튬 전지의 조립 과정에서 볼 수 있으며 동일하다.

전극을 제조하여 조립된 커패시터(그림 3-34)에는 2개의 거의 동일한 전극이 사용되어 양극과 음극에는 동일한 무게의 전극이 사용된 대칭셀이라고 간주할 수 있다. 때로는 양극과 음극에 동일한 전극이 아니고, 전극의 무게, 상이한 활성탄, 상이한 두께가 사용된 비대칭 커패시터가 사용될 수 있지만, 본 실험에서는 2개의 전극에서의 무게가 동일한 대칭 셀만 설명한다.

코인셀의 각 전극이 각각 전기 이중층을 형성하는 EDLC이며, 코인셀은 2개의 EDLC가 직렬로 연결된 것이다. 그래서 코인셀(완전지)을 회로의 형태로 표현하면 그림 3-35와 같다.

커패시터를 2개의 전극인 C_1과 C_2로 표기하였지만 전극의 구성 성분과 무게가 동일하여 두 전극의 커패시턴스는 동일하다. 2개의 동일한 커패시터가 직렬로 연결되었을 때, 코인셀의 전체 커패시턴스(C_f, full cell)는 아래와 같이 계산된다.

$$\frac{1}{C_f} = \frac{1}{C_1} + \frac{1}{C_2} \tag{3-15}$$

그림 3-34 조립된 코인형 커패시터.

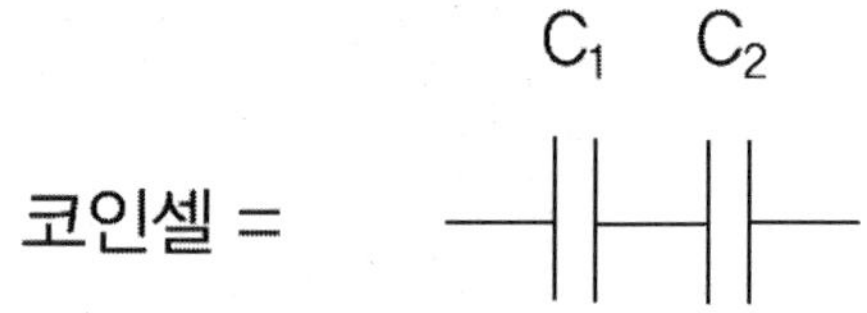

그림 3-35 코인셀의 회로로의 표기.

이때 두 전극은 동일하므로 C_1과 C_2의 커패시턴스를 동일하게 C_h(half cell)로 두면, 식 (3-15)는 다음과 같이 된다.

$$\frac{1}{C_f} = \frac{1}{C_1} + \frac{1}{C_2} = \frac{2}{C_h} \tag{3-16}$$

분수 형태의 식은 다음과 같이 $2C_f = C_h$의 관계에 의해서 1개 전극의 커패시턴스는 코인셀 전체(full cell) 커패시턴스의 2배이다. 그림 3-36은 코인형 커패시터의 일정 전류(정전류)를 이용한 충전과 방전 사이클의 실제 예를 보여 주고 있다. 커패시터의 충전 상한이 2.7 V이며 방전 하한은 0 V이다. 커패시턴스를 계산하기 위한 공식은 $C = (i \times \Delta t)/\Delta V = Q/\Delta V$이므로 사용된 전류와 시간을 이용해서 Q를 계산할 수 있고, 계산에 사용된 전압 구간은 전체 전압 구간을 사용할 것이므로 $\Delta V = 2.7V$이다. 통상적으로 커

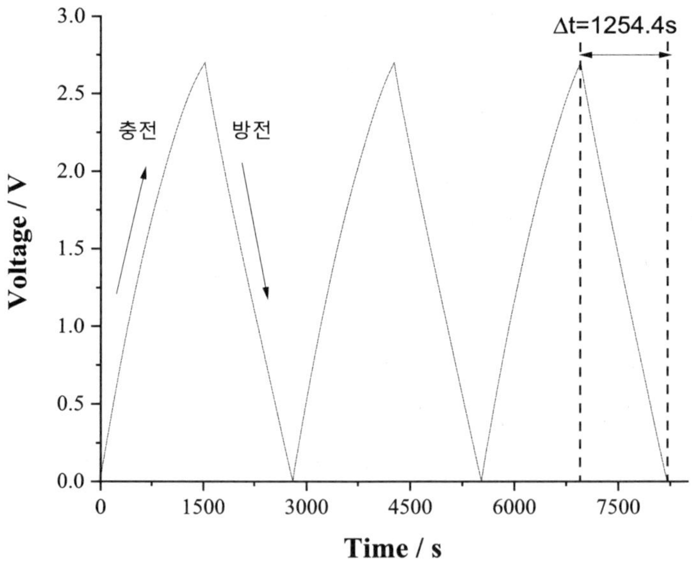

그림 3-36 실제 커패시터의 충전과 방전.

패시턴스의 계산은 방전구간을 이용해서 계산하는데, 충전 구간을 이용해서 계산을 할 수도 있으며, 계산 방법은 동일하다. 쿨롱 효율을 계산하려고 하면 (방전 시간)/(충전 시간) × 100을 통해서 구할 수 있다. 3번째 사이클의 방전 구간을 2개의 점선으로 구간 표기를 하였으며 이때 방전 시간은 1254.4초였다. 그리고 충전과 방전에 사용된 전류는 동일하게 799 μA였다.

3번째 사이클의 방전 구간으로부터 얻어지는 커패시턴스는 다음과 같다.

$$C = C_f = 799 \times 10^{-6} A \times 1254.4\ s / 2.7V = 0.3712\ F$$

계산된 커패시턴스(C)는 코인셀의 단위 전압당 저장할 수 있는 전하량에 해당한다. 이 코인셀의 각 전극에 사용된 활물질(활성탄)의 단위 무게(g)당 커패시턴스를 구하려고 하면 다음과 같다.

코인셀의 단위 무게당 커패시턴스(specific capacitance) = C_f/(2개 전극의 활물질의 합)

한 개의 전극에서의 활성탄 무게는 7.99 mg이므로, 코인셀(full cell)의 커패시턴스 계산은 다음과 같다.

$$0.3712\ F/(7.99\ mg \times 2) = 23.23\ F/g$$

필요에 따라서 하나의 전극 현상만 관찰하고자 할 때는 반전지의 커패시턴스를 계산을 하는데, 반전지의 커패시턴스는 $2C_f = C_h$이므로

$$C_h = 2 \times 0.3712\ F = 0.7424\ F$$

전극 1개의 커패시턴스를 구하였고, 전극의 단위 무게당 커패시턴스는 C_h를 전극 1개에 있는 활물질의 무게로 나누어 주면 된다.

전극 1개의 단위 무게당 커패시턴스 = 0.7424 F/7.99 mg = 92.92 F/g

완전지와 전극 1개의 단위 무게당 커패시턴스는 대략 4배의 차이가 나는데, 그 이유는 2가지이다. 첫째는, $2C_f = C_h$의 관계식 때문이며, 2번째는 완전지와 전극의 활물질의 무게 차이가 2배이기 때문이다. 커패시터에 2개의 동일한 전극이 사용될 때의 계산은 이와 같으나, 전극이 상이한 비대칭 커패시터는 각 전극의 무게가 다른 것을 반영하여 계산해야 한다.

앞에서 계산한 바와 같이 각 사이클의 단위 무게당 커패시턴스를 계산한 값을 그림 3-37에 표현하였다. 전극 1개(반전지)와 전극 2개(완전지)의 커패시턴스를 표현한 그래프이다.

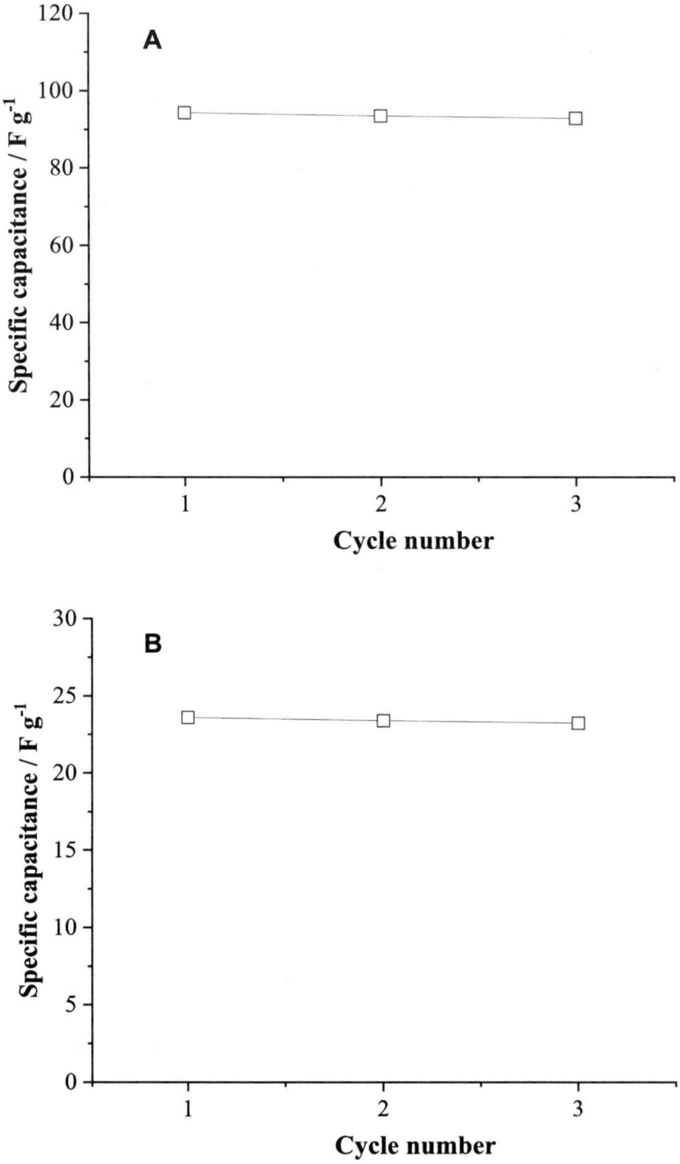

그림 3-37 코인 커패시터의 반전지(A)와 완전지(B)의 단위 무게당 커패시턴스.

4 실험 결과

① 위의 과정을 통해서 조립이 완성된 코인셀을 1개 전극의 활물질 무게(이미 측정해서 알고 있음) 기준으로 0.1 A g^{-1}, 1 A g^{-1}의 전류로 그림 3-36처럼 충전과 방전을 실시한다.

② 위의 계산 방법을 이용해서 완전지의 무게당 커패시턴스(specific capacitance, F g^{-1})와 반전지의 무게당 커패시턴스를 구해본다.

③ 그림 3-37은 그림 3-36의 방전 사이클의 무게당 커패시턴스를 구한 예이다. 이 그래프처럼 그려보자.

실험 12-2. 슈퍼커패시터의 코인셀의 순환 전압전류법

1 이론

실험 12-1에서는 정전류의 충전과 방전을 할 때의 전압을 관찰하고 그때 얻어진 전압 vs. 시간의 그래프에서 시간/전압의 기울기를 얻는다. 일정 전류를 사용했기 때문에 i × (Δt/ΔV)로부터 커패시턴스를 구한다. 커패시터를 이용해서 CV를 측정한다면, 전압을 주사하여 전류를 측정한다. 전형적인 커패시터의 CV 그래프를 그림 3-38에서 볼 수 있다. 패러데이 전류를 발생하는 반응과 다르게 봉우리가 관찰되지 않고 사각형 형태

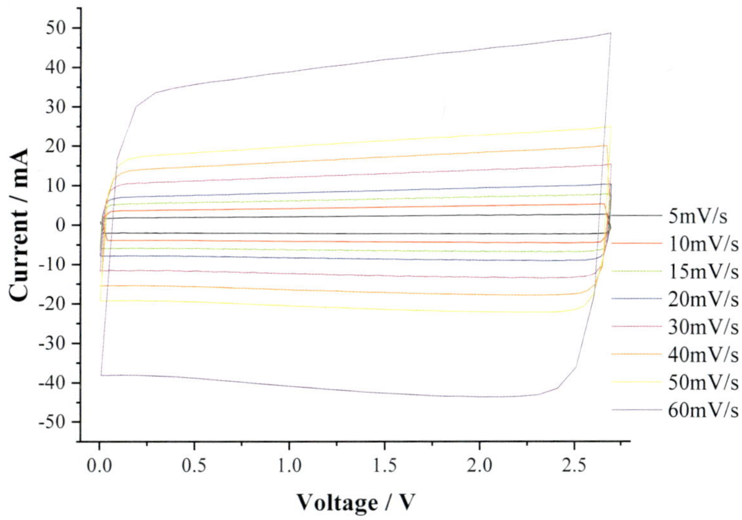

그림 3-38 코인 커패시터의 CV.

의 그래프가 얻어진다.

모든 전압에서 전류가 일정하면 직사각형의 그래프를 관찰할 수 있겠지만, 전압 구간마다 전류는 조금씩 차이가 있다. 전압 주사를 할 때 전류의 변화가 급격하게 발생하면 패러데이 전류가 발생하는 것으로 간주한다. 그림 3-38에서 패러데이 전류는 아주 미미하며, 대부분은 충전 전류(capacitive current)로 구성된 CV이다.

커패시터의 전극 물질인 활성탄에 미미한 불순물이 패러데이 전류를 발생시킨다. 커패시터의 전류는 전압 주사 속도에 비례하여 증가하는 다음과 같은 비례식이 성립한다.

$$i(V) \propto \nu \tag{3-17}$$

전류의 주사 속도에 따른 증가 속도가 측정되는 전압마다 동일하지 않으므로 비례식은 측정 전압에 의존한다. i(V)는 측정 전압에 의존하는 전류이고 ν는 주사 속도이다.

등식으로 두려면 다음과 같이 측정 전압에 의존하는 비례 상수로 표기할 수 있다.

$$i(V) = k(V)\nu \tag{3-18}$$

k(V)는 측정 전압에 의존하는 비례상수이다. 예를 들면 그림 3-38에서 각 주사 속도별 1 V에서의 전류값을 얻어서 그림 3-39와 같은 그래프를 그려볼 수 있다.

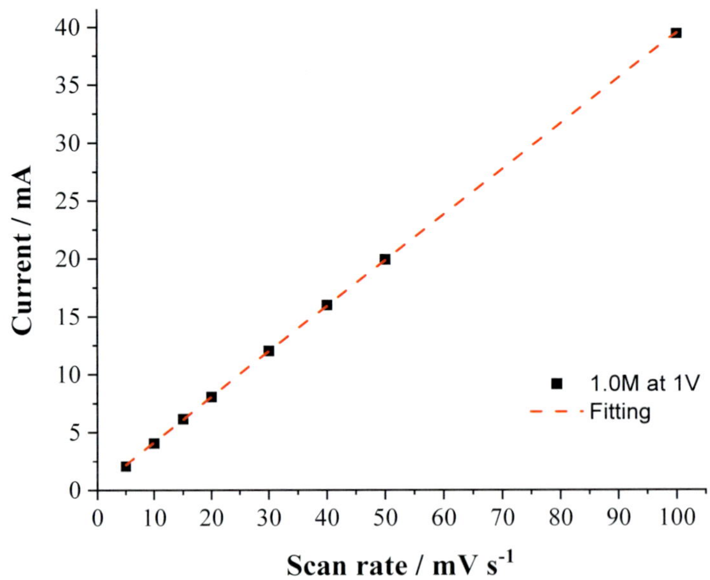

그림 3-39 코인 커패시터의 CV로부터 구한 전류 vs. 주사 속도 그래프.

그림 3-39를 보면 1 V에서의 전류는 주사 속도와 선형 비례하므로 거의 충전 전류만 발생한다고 할 수 있다. 그와 대비하여, 2.5 V에서도 선형 비례하는 전류 vs. 주사 속도의 그래프를 얻을 수 있는지 확인해 볼 수 있다.

활성탄을 사용하는 EDLC는 흡/탈착에 의한 에너지 저장만을 위해서 제작하였지만, 활성탄의 표면에 존재하는 유기 작용기와 활성탄 내부에 고루 분포하는 미량의 금속 불순물이 산화와 환원(패러데이)에 의한 에너지 저장에도 참여한다. 이를 분석하기 위해서 식 (3-19)를 이용해서 EDLC의 전류에서 흡탈착에 의한 전류(충전 전류, 커패시터 전류)와 산화/환원에 의한 전류(패러데이 전류)를 이론적으로 구분할 수 있다.

$$i(V) = i_{cap} + i_{fad} \tag{3-19}$$

여기에서 i_{cap}는 커패시터 전류이고 i_{fad}는 산화/환원 전류이다.

식 (3-19)는 식 (3-20)과 같이 주사 속도를 포함하는 식으로 표현할 수 있다. 패러데이 전류는 $\nu^{0.5}$에 비례하므로 식 (3-19)는 (3-20)으로 변환이 될 수 있다.

$$i(V) = k_1(V)\nu + k_2(V)\nu^{0.5} \tag{3-20}$$

양변을 $\nu^{0.5}$로 나누면

$$i(V)/\nu^{0.5} = k_1(V)\nu^{0.5} + k_2(V) \tag{3-21}$$

그림 3-38의 데이터로부터 각 전압별 $k_1(V)$, $k_2(V)$를 구하고 각 전압에서의 i_{cap}와 i_{fad}를 구할 수 있는데 그 결과는 그림 3-40과 같다.

그림 3-40에서 2가지 전류의 기여도는 식 (3-20)과 (3-21)을 이용한 계산의 결과이다. 그림 3-40의 CV에서 흰색의 기여가 큰 곳은 패러데이 전류의 기여가 증가한 곳이라고 해석한다. 때로는 전해질의 점도가 큰 경우는 패러데이 전류와 관계없이 흰색 부분이 증가할 수도 있다.

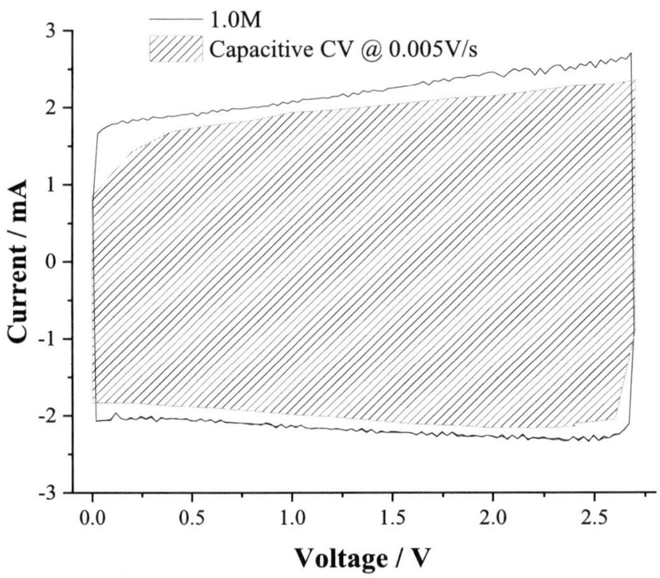

그림 3-40 코인 커패시터의 전압별 capacitive current의 비율.
CV의 주사 속도는 5 mV/s, 전압 구간은 0 V에서 2.7 V이다.

2 기구 및 시약

실험 12-1에서 준비된 코인셀을 사용하여 CV 측정을 실시한다.

3 실험 과정

① 전압 구간은 0 ~ 2.7 V 구간이며 주사 속도는 5, 10, 20, 40, 80 mV/s로 측정한다.

② 커패시터 조립 후에 바로 측정하면 초기 몇 사이클은 재현성이 낮은 데이터가 얻어지고, 전해액 분해가 활발하여 커패시터의 거동에서 많이 벗어난 측정을 할 수 있다. 따라서 5 mV/s의 속도로 최소 10회 이상 주사를 실시하여 재현성 있는 봉우리가 여러 번 얻어지고 나면 측정을 시작한다.

③ 식 (3-19)와 (3-20)을 이용해서 각 전압에서의 i_{cap}와 i_{fad}를 구한다.

각 전압에서 2가지 전류를 구하는 방법은 여러 주사 속도에서 CV를 측정하여 전압별 $k_1v^{0.5}$ vs. $i(V)/v^{0.5}$를 도시한 후 식 (3-21)에 의하여 해당 전압에서의 k_1, k_2를 구할 수 있다. 이 상수값을 식 (3-20)에 대입하면, 해당 주사 속도, 해당 전압에서의 각 전류가 얻어진다. 이런 계산을 전압을 바꾸어서 실시하면 그림 3-40이 얻어진다. 식 (3-20)과 (3-21)을 이용한 전압별 계산을 할 때, 계산 전압의 숫자가 증가할수록 CV 그림과 유사한 곡선으로 그려지지만, 몇 개의(몇 개의 전압) 계산만 하면 충전 전류 그래프가 계단식 직선형 그래프가 얻어진다. 계산을 많이 할수록 곡선에 가까워진다.

4 실험 결과

그림 3-40과 같은 주사 속도 5 mV/s의 CV를 패러데이 전류와 충전 전류로 구분되도록 음영으로 표기한다. 동일한 방식으로 80 mV/s CV도 음영으로 표기한다.

실험 13

납 축전지

1 이론

납 축전지를 구성하기 위해 (+)극에는 PbO_2, (−)극에는 Pb를 사용하여 전지를 구성한다. 방전 시에 환원이 발생하는 극을 캐쏘드라고 한다. (+)극의 환원식은 다음과 같고,

$$PbO_2(s) + 4H^+ + SO_4^{2-} + 2e^- \rightleftharpoons PbSO_4(s) + 2H_2O \qquad E^o = 1.685\ V \qquad (3\text{-}22)$$

(−)극의 환원식은 다음과 같다.

$$PbSO_4(s) + 2e^- \rightleftharpoons Pb + SO_4^{2-} \qquad E^o = -0.355\ V \qquad (3\text{-}23)$$

전지의 전압은 양극 반전지에서 음극 반전지의 전압의 차이에서 얻는다. 위 전지의 양극과 음극에서 전지가 충전된 상태의 기전력은 다음과 같다.

$$E = E_+ - E_- = 2.040\ V \qquad (3\text{-}24)$$

전체 전지의 반응식은

$$PbO_2(s) + Pb + 4H^+ + 2SO_4^{2-} \rightleftharpoons 2PbSO_4(s) + 2H_2O \qquad (3\text{-}25)$$

Pb와 PbO_2로 구성된 전지는 양의 전압을 제공하므로 자발적으로 방전이 가능한 충전된 상태에 해당한다. 전체 반응식에서 전지가 방전되면 양극과 음극이 $PbSO_4$로 변하면서 전해액의 음이온인 SO_4^{2-} 이온을 사용하게 되므로 전해액 속의 SO_4^{2-}가 충분한 진한 H_2SO_4 용액을 사용해야 한다.

전지의 구성 전극 중에 Pb는 금속 상태로 쉽게 구할 수 있지만, PbO_2는 분말 형태이므로 분말 입자가 서로 접촉하는 한 덩어리로 성형하여야 전류를 흘려줄 수 있다. 상업용 납 축전지의 제작에서는 Pb와 PbO_2 분말을 접착제(binder)와 용액을 혼합한 반죽 형태로 가공하고, 이 반죽을 집전체(current collector)에 붙이고 말리는 과정이 필요하다.

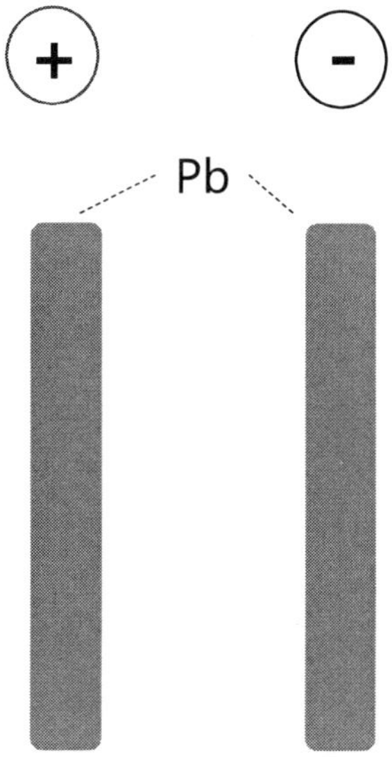

그림 3-41 2개의 납판으로 구성된 초기 상태의 납 축전지.

하지만 이 과정들은 학생 실험자들에겐 복잡하고 시간 소요가 많아서 실험실에서 제한된 시간 내에 실시하기 어렵다. 대신에 Pb와 PbO_2를 사용하는 과정이 아닌 두 개의 납판을 사용하여 전지 속에서 PbO_2가 전기화학적으로 생성되게 하는 반응을 이용하여 납 축전지를 작동해 보도록 하자. 그림 3-41에는 두 개의 전극이 모두 납판으로 된 전지의 모형이다.

전원 공급 장치를 통해서 (−)극과 (+)극을 연결하면 (−)극에 연결된 납은 더 이상 환원되지 않으므로 환원될 수 있는 대상은 용액 속의 H^+ 이온이며, 이는 황산 또는 물에 있는 수소 이온이 될 수 있다. 반면에, (+)극의 Pb는 산화되며 이는 2단계의 산화 과정(식 3-26, 3-27)으로 나누어 볼 수 있다. 중간 산물인 $PbSO_4$는 충전된 PbO_2 전극이 방전되었을 때에 생성되는 물질이다.

$$Pb + SO_4^{2-} \rightleftharpoons PbSO_4 + 2e^- \quad (3\text{-}26)$$

$$PbSO_4 + 2H_2O \rightleftharpoons PbO_2 + 4H^+ + SO_4^{2-} + 2e^- \quad (3\text{-}27)$$

이 2단계 연속 산화 과정을 합하여 최종 산화 반응을 구성하면 식 (3-28)과 같다. 산화 과정에서 생성되는 4개의 수소 이온은 (−)극으로 이동하여 수소 기체의 생성에 사용된다.

$$Pb + 2H_2O \rightleftharpoons PbO_2 + 4H^+ + 4e^- \quad (3\text{-}28)$$

결론적으로 2개의 납판을 충전하면 (+)극은 PbO_2, (−)극은 납판 그대로 변하지 않게 되어, 납 축전지가 충전되면 생성하는 2개의 전극을 얻을 수 있다.

2 기구 및 시약

3 M H_2SO_4 0.1 L, 납 포일, H-type cell, 전선, 악어클립, battery cycler.

3 실험 과정

① 납판을 길게 잘라서(가로 0.5cm, 세로 7cm) 무게를 측정한다.

② H-type 셀에 3 M 황산 용액을 가운데 통로를 채우도록 충분히 사용한다. 납판의 끝을 구부려서 H-type 셀의 양쪽 공간에 걸친다(그림 3-43).

③ 그림 3-43처럼 설치하고 클램프로 셀을 고정한다. 납판의 구부려진 부분에 악어클립으로 battery cycler(충방전기)의 (+) 전극과 (−) 전극에 각각 연결한다. 구부려진 부분이 H-type 용기에 걸려서 납판이 황산 용액 속으로 잠기지 않도록 하고, 악어클립도 용액에 닿지 않도록 한다.

④ 충전은 3V를 20분 동안 유지하는 것으로 하고, 0.3 mA로 1.6 V까지 방전하도록 장비의 조건 파일을 작성 후 각 방전 시간을 기록한다.

3.0 V은 충전이 가능한 전압이다. 일정 전류를 이용해서 충전하면 충전이 가능한 전압에 도달되지 않거나 충전하기에는 전류가 너무 커서(충전 속도가 너무 빨라서)

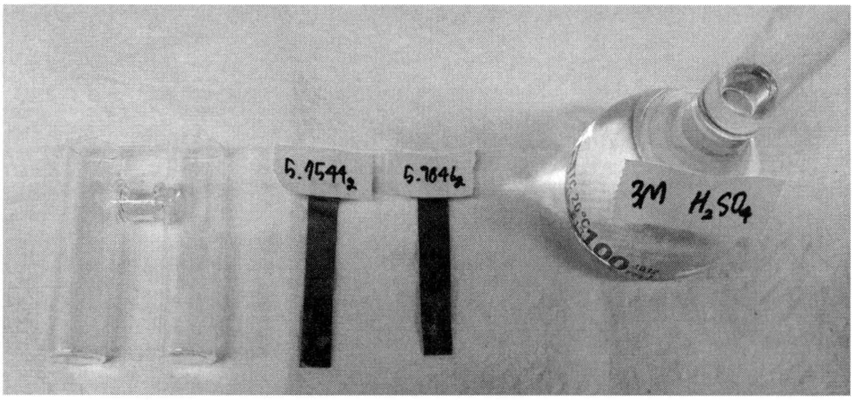

그림 3-42 납 축전지용 셀과 전극 2개.

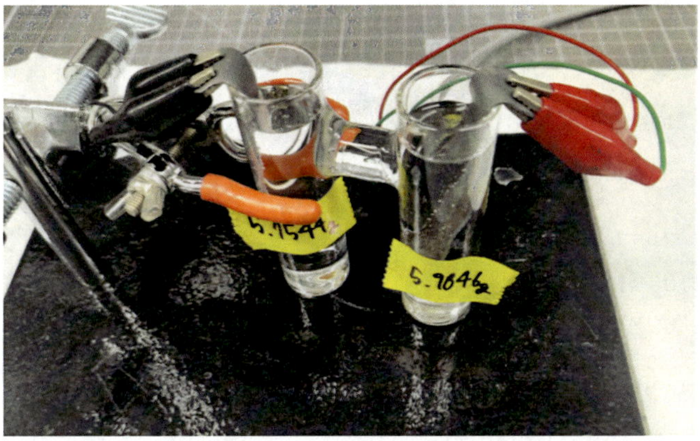

그림 3-43 실험의 준비 및 배선연결.

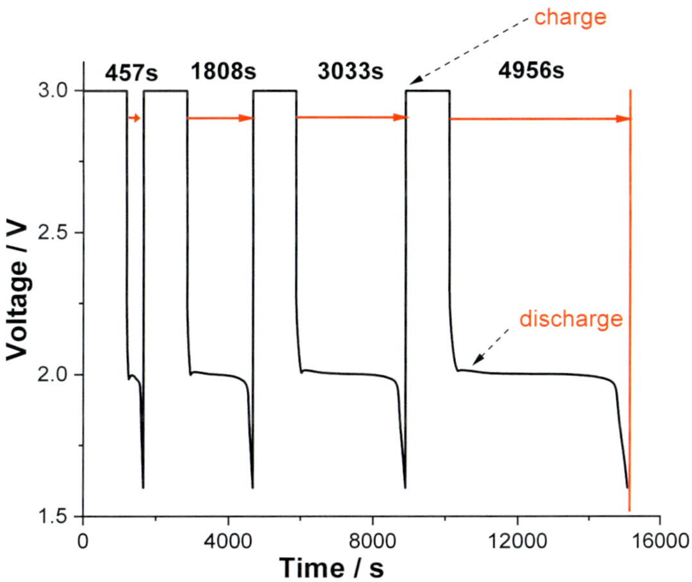

그림 3-44 2개의 납판으로 만들어지는 납 축전지의 충전과 방전.

충전을 제대로 하지 못하고 아주 높은 전압까지 도달해 버릴 수도 있다. 그런 이유로 납 축전지 실험에서는 일정 전압(정전압)으로 충전을 하여 충전이 최소한이라도 되어서 방전할 때 방전 평탄 전압을 관찰할 수 있도록 하였다. 그림 3-44의 충전 방전 그래프를 보면 충전 3.0 V 전압과 방전은 2.0 V의 전압(식 3-24)으로 방전되는 것을 확인할 수 있다. 첫 사이클은 충전량이 적어서 방전 시간이 짧다. 실제 납 축전지에 사용되는 Pb와 PbO_2로 구성된 전극쌍이 아니라 2개의 Pb 전극으로 충전과 방전을 반복하므로, 초기에는 생성된 PbO_2의 양이 적어서 방전 시간이 짧다. 충전과 방전 사이클 횟수가 진행됨에 따라 전기화학적으로 형성되는 PbO_2가 사이클마다 점점 축적되어 방전 시간이 점점 증가하는 것을 관찰할 수 있다. 여러 번 충전과 방전을 반복하는 활성화 과정을 수행해야 PbO_2가 생성되는 양도 증가하고 충방전 사이클을 반복하는 이차 전지로서 작동할 수 있다. 다만, Pb와 Pb 위에 형성된 PbO_2 모두 고체이며 서로 이질적이므로 아주 많은 양의 PbO_2가 Pb의 표면에 형성되는 것은 쉽지 않다.

⑤ 충방전이 완료되면 4회째 방전 시간을 이용해서 방전 전하량을 계산하고 음극판을 꺼내 물기를 닦아 충분히 건조시킨 후, 실험 전과 후의 전극 무게의 변화를 구한다.

4 실험 결과

① 실험의 종료된 후 전극의 외관을 살펴보면 전극의 색 변화가 확연하다(그림 3-45). 방전된 전극은 양극과 음극의 성분이 동일한데, 음극의 무게 변화를 측정한 이유는 무엇인가?

② 음극 전극 무게의 변화를 이용한 전하량의 계산치와 4번째 방전 시의 측정된 전하량(전류×시간)을 비교하고, 차이가 나면 왜 차이가 나는지를 토의한다.

③ 전지를 충전할 때 기체(기포)가 발생하는 전극은 어떤 전극이며 이때 발생하는 기포는 무엇인가?

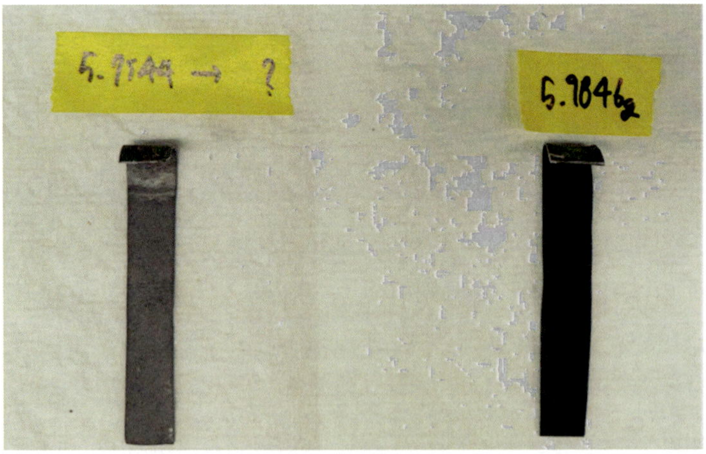

그림 3-45 실험 전과 후에 관찰된 음극의 무게 변화.

5 유의 사항

(4번째 방전의 전하량/4번째 충전의 전하량) × 100을 계산하면 4번째 사이클의 쿨롱 효율을 계산할 수 있다. 방전의 일정 전류(정전류)로 방전되었으므로 시간(초)만 구하면 전하량(쿨롱)을 구할 수 있다. 하지만 4번째 사이클의 충전은 전압과 시간의 그래프이므로 전하량을 구할 수 없다. Battery cycler(충방전기) 또는 potentiostat은 전압을 측정할 때 동시에 전류를 측정하는 기능도 있으므로 매 순간의 전류 데이터를 그림으로 그릴 수 있다. 측정 시에 얻어진 전류 vs. 시간 데이터를 그림으로 그려보면 그림 3-46과 같다.

그림 3-46의 곡선 면적을 적분하면 전하량이 되므로 충전과 방전의 전하량을 이용해서 쿨롱 효율을 구할 수 있다. 충방전기를 사용하면 전압 및 전류를 조절하는 것이 자유롭고 데이터의 측정도 수월하다.

본 실험은 배터리(전원 공급 장치)를 이용하여 충전과 방전을 실시하며, 전압과 전류의 관찰에 멀티미터를 사용해도, 유사한 실험을 할 수 있다. 그러나 측정되는 전압과 전류의 기록이 부정확할 뿐만 아니라 실시간 데이터를 기록하는 것이 어렵다. 동일한 실험을 1.5 V 배터리를 직렬로 연결하여 충전하고 이때 사용되는 전류를 멀티미터를 연결하여 확인할 수도 있다. 그리고 충전된 전지를 방전하는 과정에서 1.5 V에 작동되는

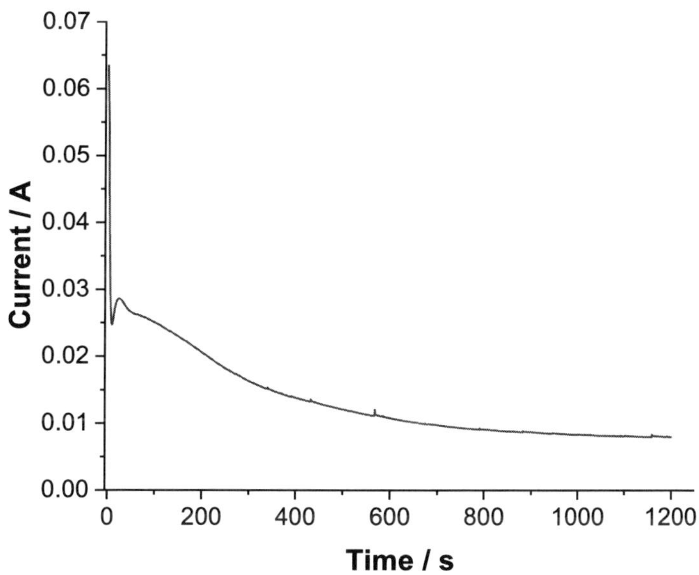

그림 3-46 납 축전지의 충전 시 측정되는 전류 *vs.* 시간 곡선.

LED 전구를 연결하여 실시간 전구의 불이 유지되는 것을 관찰하면서 멀티미터로 전압과 전류를 확인할 수도 있다. 충방전기는 이러한 복잡한 연결을 쉽게 도와주며 측정된 데이터를 기록하는 기능을 가지고 있다. 배터리용 충방전기가 없다면, potentiostat으로도 동일한 실험이 가능하다.

실험 14 $Zn\text{-}MnO_2$ 이차 전지

1 이론

Zn 금속은 부존자원이 풍부하여, 재료의 가격이 낮아서 경제적인 장점이 있다. 그런 이유 때문에, 가정에서 사용되는 알칼리 전지의 기본 소재는 Zn과 MnO_2로 구성되어 있으며, 이 전지들은 충방전을 할 수 있는 조건을 가지고 있지 않으므로 한 번 사용 후 버리게 되는 1차 전지에 해당한다. 즉, 알칼리 전지는 Zn이 방전 후 ZnO가 형성되어, ZnO가 다시 Zn으로 되는 과정이 아주 어렵기 때문에 한 번만 사용할 수 있다. 반면에 본 실험에서 조립하고자 하는 이차 전지는 전해액이 알칼리성이 아닌, 약한 산성 수준의 전해액이므로 ZnO가 형성되는 문제에서는 벗어나 있다. 참고로, 산도가 낮은 전해액을 사용하면 Zn이 부식되면서 용액에서 수소를 생성하기 때문에 너무 낮은 pH도 합당하지 않다.

전지의 방전 반응은 다음과 같다.

$$Zn \rightleftharpoons Zn^{2+} + 2e^-$$

$$Zn^{2+} + 2e^- + 2MnO_2 \rightleftharpoons ZnMn_2O_4$$

$$\text{완전지 반응: } Zn + 2MnO_2 \rightleftharpoons ZnMn_2O_4$$

약한 산성 조건의 전해질에서의 전반적인 반응은 위의 반응을 따라가지만 일부 H^+ 이 참여하여 다음의 메커니즘을 따르는 반응도 존재한다고 보고되고 있다.

$$MnO_2 + H^+ + e^- \rightleftharpoons MnOOH$$

$$MnOOH + 3H^+ + e^- \rightleftharpoons Mn^{2+} + 2H_2O$$

용액 속에 Zn^{2+}와 Mn^{2+}가 생성되므로 반응의 가역성을 돕기 위해서 전해액에 Zn^{2+}와 Mn^{2+}가 포함되도록 2 M $ZnSO_4$ + 0.1 M $MnSO_4$ 용액을 사용한다. 이때 pH가 5보다 조금 낮은 조건을 형성하므로 약한 산성을 조성하는 조건을 만족한다. 전지를 조립하는 과정은

MnO_2 합성, MnO_2 전극 제작, 전지 제작 및 전지의 충전과 방전 순으로 진행된다.

2 실험 과정

1) MnO_2의 합성

MnO_2의 여러 결정 구조(α, β, γ, δ) 중에 수열 합성(hydrothermal synthesis)을 통해서 α-MnO_2를 합성한다. 다른 구조의 MnO_2도 전지에 사용해도 되지만, 실험실에서 합성하기 가장 수월한 α-MnO_2을 합성하기로 한다.

① 비커에 증류수 30 mL를 담는다.

② 증류수가 담겨 있는 비커에 $KMnO_4$ 6.75 g을 넣어준 후, 마그네틱바와 교반기를 이용해서 교반한다. 70% HNO_3 4.2 mL를 아주 천천히 첨가하면서 교반한다.

③ 약 1시간 동안 상온에서 교반을 진행하는데, 이때 용액을 Ar 기체로 bubbling을 동시에 진행한다.

④ 1시간 동안 교반한 용액을 Auto clave(반응용기, 그림 3-47)에 담고, 항온조를 120°C로 맞춘 후 12시간 동안 반응을 진행한다. 이때 반응 시간이 14시간을 넘지 않도록 한다.

⑤ 반응 종료 후 반응용기를 식힌 후, 감압 여과를 실시한다. 반응용기에 남아있는 생성물을 증류수를 이용해서 최대한 수득한다.

⑥ 여과해서 얻어진 물질을, 에탄올로 세척한 후 진공 건조한다.

⑦ 생성물의 무게를 측정한 후 수득율을 계산한다.

수득율 = (수득한 α-MnO_2의 몰수) / (사용한 $KMnO_4$의 몰수) × 100

그림 3-47 Auto clave.

계산에 의해서 얻어진 수득률에는 2가지 불확실성이 존재하지만, 대략적인 수치를 구하는 데에는 문제가 없다.

첫 번째 불확실성은 사용한 $KMnO_4$의 정확한 순도를 모른다는 것이다. MnO_4는 강한 산화제이므로, 공기 중의 유기물과도 쉽게 반응하여 순도를 떨어뜨린다. 두 번째 불확실성은 수득한 $\alpha-MnO_2$의 일부는 다른 구조의 $MnO_2(\beta, \gamma, \delta)$를 포함한다는 것이다. 반응 온도와 반응시간에 따라 다른 구조를 가진 생성물의 비율은 달라지지만, 여전히 대부분의 생성물은 $\alpha-MnO_2$이다. 다른 구조의 MnO_2도 전지 활물질로서 작동하기 때문에 전지의 작동을 방해하지는 않으므로 정확한 수득률 계산에는 어려움이 있지만, 대략적인 수득률을 확인하는 것은 가능하다.

2) 전지 조립

전지의 음극으로는 Zn 포일을, 양극으로는 MnO_2 전극을 사용해서 코인셀을 조립한다.

① MnO_2 전극을 만들기 위한 준비물은 $\alpha-MnO_2$, PVdF, NMP, 카본 블랙, carbon cloth (집전체)이다. 전극의 제조 과정은 리튬 이차 전지의 양극을 제조하는 과정에 준해서 실시한다.

② 교반기의 용기(container)에 PVdF 0.01g, NMP 1g을 넣고 3분간 교반한다. 교반한 용기에 carbon black 0.02g, $\alpha-MnO_2$ 0.07g을 추가한 후 12분간 교반한다. 교반이 완료되면 점도가 높은 반죽이 생성된다.

③ 집전체(carbon cloth)를 6 × 20 cm 크기로 자른 후, 유리판에 내열 테이프를 이용해서 부착한다. 준비된 반죽을 집전체 위에 부은 후 닥터 블레이드 방법으로 전극을 집전체에 코팅한다.

④ 코팅된 전극을 항온조 (80°C)에 6시간 건조한다.

⑤ 건조된 전극을 punching tool을 이용해서 직경 14 mm의 원형 디스크로 재단한다(그림 3-48).

⑥ $Zn-MnO_2$ 전지는 수용액을 사용하므로 dry box에서 작업하지 않는다. 이에 따라 crimping machine은 어디에서든 작업할 수 있다.

⑦ 코인셀의 기본 부품과 함께 Zn 포일과 분리막을 그림 3-49에 표기하였다. Zn은 MnO_2 전극보다 충분히 커서 Zn 위에 MnO_2 전극이 삐져나오지 않도록 올려지는 크기가 되도록 재단한다. 분리막은 glass filter 재질의 여과지이며 크기는 2개의 전

그림 3-48 코인셀에 맞게 재단한 양극.

그림 3-49 코인셀에 사용된 소재와 부품.

극보다 크고 코인 전지 속에 놓일 수 있는 크기가 되어야 한다. 4개의 구성품의 크기는 다음의 순서로 재단하여 조립한다.

전지 case > Zn > 분리막 > 전해액 > MnO_2 전극

전해액은 2 M $ZnSO_4$ + 0.1M $MnSO_4$ 수용액이며 마이크로피펫을 사용하여 약 75 μL를 주입하였다.

3) 전지의 충 · 방전 과정

전지를 조립한 후, 전해액이 전극에 고르게 스며들게 하기 위해서 전지에 휴지 시간 (rest)을 준다. 휴지 이후에 전지가 원활히 작동할 수 있도록 전지를 활성화하는 과정을 거치는데, 이때는 전지를 아주 느린 속도로 충전과 방전을 여러 번 실시한다. 이 과정을 통해서 전해액의 스며드는 정도를 더 심화하고, 전극 표면에 전해액 분해 산물이 축적되어 보호막이 형성되게 한다. 이 과정을 화성 공정이라고 하고 (보호막) Formation 과정이라고도 부른다. 화성 공정을 지나면서 불량 전지는 제외하고, 정상적으로 작동을 하는 전지는 사용 준비가 된 것이다. 충 · 방전 과정은 다음과 같다.

① 12시간 휴지한다.

② 화성 공정을 거친다. 아주 낮은 전류를 이용해서 전지를 활성화하는 과정이며, 0.1 C를 3사이클 하여 화성 공정을 완료한다.

③ 출력 특성을 확인한다. 화성 공정의 전류보다 높은 전류를 사용하며, 전류가 낮을 때와 비교하여 얻어지는 용량의 차이가 큰지 또는 작은지를 확인한다. 전류가 증가함에도 낮은 전류 대비하여 용량의 차이가 크지 않으면 그 전지는 출력 특성(출력을 높여도 좋은 용량을 제공하는)이 좋은 전지라고 할 수 있다. 출력 특성의 평가는 상대적인 비교이므로 기준이 되는 전지 대비하여 개발하는 전지의 높은 전류에서의 용량을 측정하여 비교할 수 있다.

출력 특성의 관찰을 위해서 0.1, 0.2, 0.5, 1.0, 2.0 C의 순서로 전류를 증가시킬 수 있다. 증가한 전류별 용량을 그래프로 그래서 표기할 수 있다.

$Zn-MnO_2$ 전지의 이론 용량은 양극에서 MnO_2의 양에 종속되기 때문에 양극의 이론 용량을 구하면 된다. 아래의 식에서 이론 용량에서의 무게 단위는 활물질의 무게이다.

이론 용량(mAh/g) = 패러데이 상수(A · s/mol) × 1 h/3,600 s × 1/(활물질 분자량(g/mol) × 1000 mA/1 A × (반응에 참여하는 전자의 수) = 96485 A · s/mol × 1 h/3,600 s × 1/(2 × 86.9368(g/mol)) × 1000 mA/1 A × (2) = 308.28 mAh/g

0.1 C의 속도로 충전 및 방전을 실시하면 이론값에 해당하는 308 mAh/g의 값을 얻을 수 있다. 분모의 g(무게)은 1개 전극의 MnO_2 무게이다. 전자가 2개 참여하는 반응 조건에서는 MnO_2 2분자가 참여하므로 분자량 앞에 2를 곱한 것이다. 앞의 그림에서 전극을

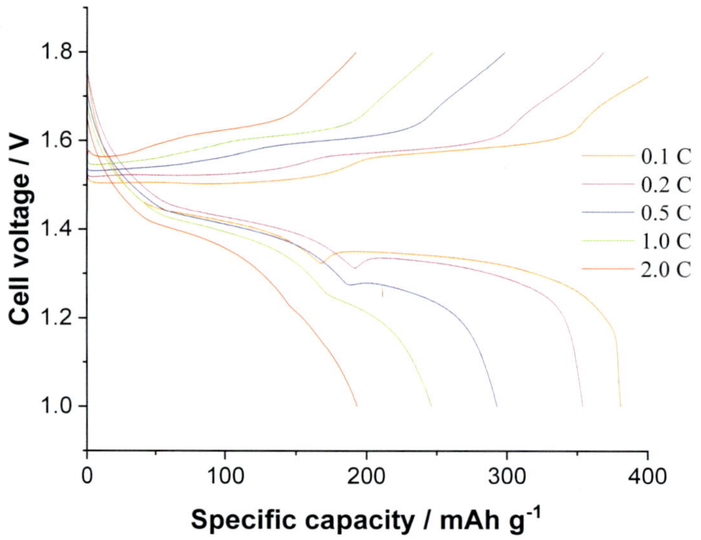

그림 3-50 Zn–MnO_2 전지의 작동 전류별 전압 vs. 용량 곡선. 충전과 방전에 사용한 전류는 동일하다.

디스크 형태로 재단한 후 전극의 무게(집전체 제외)를 측정하면, 전극의 고형물에서의 MnO_2 무게비를 알고 있기 때문에 활물질의 무게를 계산할 수 있다.

이론 용량은 308 mAh/g이지만, 그림 3-50은 이론 용량을 상회하는 결과를 보여 준다. 이는 전해액이 $MnSO_4$를 포함하기 때문이다. 전해액이 Mn 이온을 포함하면 전지의 충전과 방전을 원활하게 하며, 수명을 유지하는 데 도움이 된다. 충전과 방전을 반복하다 보면 전극 속의 전이 금속이 전극으로부터 해리되어서 나와, 그에 비례해서 용량을 잃는 결과를 얻는다. 용액 중에 충분한 전이 금속이 포함되어 있으면 전극으로 전이 금속을 공급하는 것이 수월해져 용량 유지에 도움이 된다.

4) 전지 조립 후 전지의 충전과 방전

전지 속의 활물질은 MnO_2와 Zn이다. Zn의 에너지 밀도는 아주 크며, 재단된 금속의 양도 충분히 크므로, 전지의 충전과 방전의 용량은 양극 속의 MnO_2에 연동된다. 전극 속의 MnO_2의 무게가 1 g이면, 1 C로 충전할 경우, 308 mA 로 1시간 충전하면 완전 충전된다. 0.1 C로 충전할 경우는 30.8 mA가 필요한 전류이며 활물질의 양이 1 g보다 작다면 그에 비례해서 전류값을 계산할 수 있다.

그림 3-50은 충전과 방전의 전류를 동일하게 하여 전지를 작동한 경우에 속한다. 하지만, 충전 속도를 0.1 C로 일정하게 하고 방전을 0.1, 0.5, 1, 2, 3 C로 전류를 증가시켜서

출력이 증가할 때의 용량을 확인해 볼 수도 있다.

전지를 일정 전류로 충전(또는 방전)하면서 전압을 관찰하면, 전압과 시간의 데이터를 측정할 수 있다. 전압과 시간의 데이터가 2개의 열에 기록되어 있다면 시간 열에 전류를 곱하고 활물질의 무게로 나누면 그림 3-50의 x축과 같은 용량 값이 나온다.

3 실험 결과 및 토의

① 전지의 충전과 방전을 동일한 전류로 실시하여 용량을 얻었다. 그림 3-50과 동일한 실험을 실시하고 동일한 그래프를 그려본다.

② 두 번째 실험을 충전 전류를 모두 0.1 C로 통일하고, 방전 전류를 0.1, 0.2, 0.5, 1.0, 2.0 C로 변화하면서 측정하여 전압 vs. 용량 그래프를 그려본다.

③ 2개의 그래프에서 각 방전 속도별 용량의 차이가 있는지 비교해 보고, 용량의 차이가 있다면, 왜 발생하는지 설명한다.

④ 전해질의 구성 물질로서 Zn^{2+}와 Mn^{2+} 용액이 사용되는 이유는 무엇인가?

실험 15 Electrochemical impedance spectroscopy(EIS)

1 이론

전해액의 전도도(저항, R)는 앞에서 전도도 미터로 측정한 바가 있다. 용액에서의 측정과 다르게 Cell(또는 전극)에서의 저항은 저항(R) 성분뿐만 아니라 커패시터의 성분(C)이 포함되어 있고, 저항과 커패시터가 함께 합해져서 하나의 저항 성분(임피던스)으로 표현된다. 여기에서의 Cell은 배터리와 커패시터를 모두 포함하는 명칭이다. 저항에 전압을 인가해주면 이때 전류가 흐르며 이때 흐르는 전류는 $V = IR$을 만족한다. 저항이 파손되지 않는다면 전류는 지속적으로 흐를 것이다. 커패시터 성분은 직류로 측정하면 잠시 흐르다가 멈추기 때문에 직류로 측정하면 R과 C가 직렬 조합되어 있는 임피던스(Z)를 측정할 수 없다. 이 때문에 교류를 사용하여 측정한다.

교류의 전압(또는 전류)은 사인파 전력 공급 장치(sine wave generator)를 사용하여 사인파 형태의 주파수의 전원을 공급한다. 사인 함수 전압은 시간(각도)에 따라 $V(t) = V_0 \sin \omega t$과 같이 변한다. V_0는 $\omega t = \pi/2$ 일 때의 전압이다. 주파수 ω는 $2\pi f(\text{rad} \cdot \text{s}^{-1})$이며 단위는 hertz, cycle/s이다.

저항(R)에 위와 같은 교류 전압을 인가하면 전류는 $I(t) = (V_0 \sin \omega t)/R$이며 전압과 전류는 동일한 위상을 유지한다.

전극이 패러데이 반응이 없는 순수한 커패시터(ideally polarizable)인 경우는 $Q = CV(t) = CV_0 \sin \omega t$이고, 커패시터의 전압 단위 용량인 커패시턴스(C, 단위 F)와 사인파에 의해서 시간당 변화하는 전압으로 전하량을 정의할 수 있다. 전류는 $I = dQ/dt$이므로 이 식을 시간으로 미분하면, 전류는 교류 전압에서의 시간의 함수이므로 $I(t) = \omega CV_0 \cos \omega t$가 된다.

커패시터에서 전압과 전류는 그림 3-51과 같이 주파수는 동일하지만 위상은 $\pi/2$ 앞선다. 전류는 전압과 대비하여 위상이 $-90°$ 차이가 난다. 전류의 최대치 $I_{max} = \omega CV_0$이다. 전류=전압/저항이므로 이 식을 $I_{max} = \omega CV_0 = V_0/(1/\omega C)$로 바꾸어서 표기하면 커패시터의 임피던스 $Z = 1/\omega C$가 된다. 전류는 전압에 비해서 90도 위상 차이가 나므로 복소수 형태로 커패

시터의 임피던스

$$Zc = 1/j\omega C = -j/\omega C$$

로 표기한다. 커패시터의 임피던스(Z_c)는 허수이며 저항의 임피던스 $Z_R = R$은 실수로 좌표에 표기할 수 있다.

RC 직렬 회로에서 저항 R에 흐르는 전류와 커패시터 C에 흐르는 전류는 커패시터가 90°도 앞서므로 그림 3-52와 같이 복소 평면으로 저항 성분을 표기하면 좌표로 쉽게 표

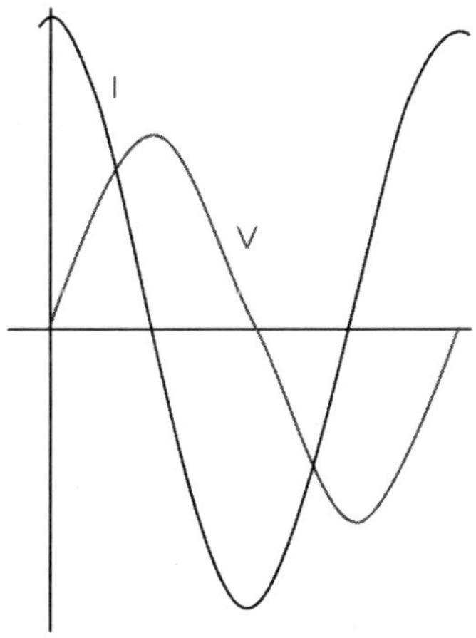

그림 3-51 커패시터를 통과한 교류 전압과 이때의 전류의 위상차.

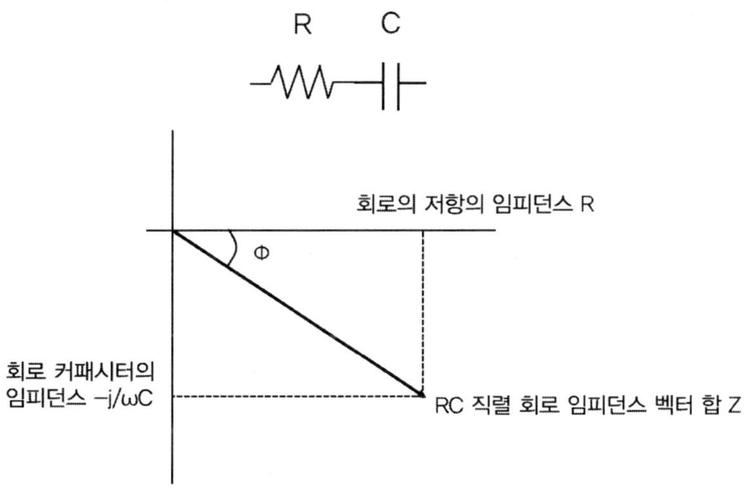

그림 3-52 RC 직렬 회로와 임피던스.

기할 수 있다. 좌표로의 표시는 아래와 같다. 저항과 커패시터의 임피던스 X(reactance, 1/ωC)로 표기하였으며

$$Z = R + 1/j\omega C \quad = R - j/\omega C = R - jX$$

Z = R−jX와 같이 표기하면 커패시터의 −90° 위상 차이를 편리하게 표기할 수 있다. R과 C의 각 임피던스의 합은 아래와 같이 벡터의 합이다.

$$Z = \sqrt{R^2 + (\frac{1}{\omega C})^2}$$

교류 주파수에 따라 커패시터의 임피던스 영향이 달라지므로 총 임피던스와 저항(R)의 임피던스는 위상(φ) 차이가 발생한다. 이때의 위상은

$$\tan\varphi = X/R = 1/(\omega RC),\ \varphi = \tan^{-1}(X/R) = \tan^{-1}((1/(\omega RC))$$

으로 구해진다.

RC 직렬 회로(series RC curcuit)의 저항 성분은 위의 식과 같이 저항과 커패시터의 임피던스의 합이다. 저항은 교류 주파수와 무관하게 상수를 유지하고, 교류 주파수에 따라 커패시터의 임피던스는 변한다. 주파수가 무한대로 커지면 허수항이 0으로 수렴하고 주파수가 0으로 접근하면 허수항이 무한대로 발산한다. RC 직렬 회로의 임피던스는 실수와 허수값의 벡터값이므로, 주파수가 무한대일 때는 Z = R이며, 주파수가 감소함에 따라 실수 임피던스는 일정하지만 허수값이 계속 증가하므로 허수의 기여가 증가

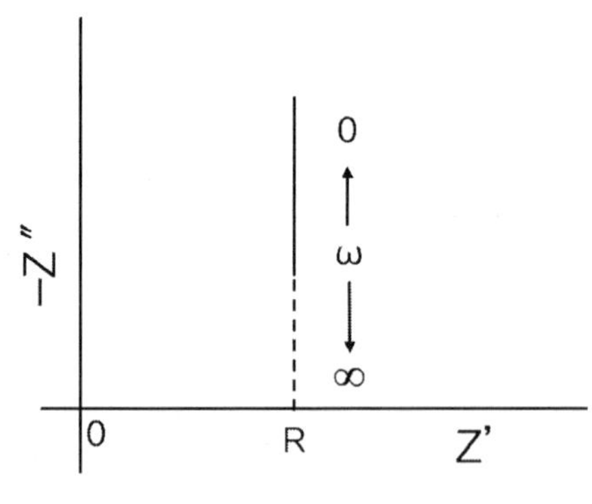

그림 3-53 RC 직렬 회로에서 주파수 증감에 따른 저항(실수, Z')과 커패시터(허수, Z")의 임피던스 변화.

하는 형태의 임피던스 변화가 나타난다.

이상적인 커패시터는 RC 직렬의 형태의 등가회로를 구성한다. 이때 저항과 커패시터값을 곱하면 시간(s)의 값이 얻을 수 있는데, 이는 커패시터의 고유한 특징이며 커패시터가 얼마나 빠르게 충전(방전)되는지를 표기하는 척도이기도 하다. 이때 얻어지는 상수 값을 시간 상수(time constant), τ(타우) = RC라고 한다. 제조한 커패시터의 커패시턴스(C)가 고정된 값이라면, 내부 저항(R)을 줄임으로써 커패시터가 빠르게 충전과 방전될 수 있고, 따라서 시간 상수는 출력 성능의 지표가 된다. 시간 상수는 전위 계단 실험(식 2-20)에서 언급한 바가 있다.

여기에서 R은 Equivalent Series Resistant(ESR)이며 EIS로부터 얻어진 실수 부분의 임피던스이다. ESR은 커패시터 전극, 전극과 전해액 계면, 전해액 3가지 요소에서 기여하는 저항이다. 전극이 용액으로 함침되어 있는 상태에서 전극과 전해액 계면의 저항을 따로 분리하는 것이 복잡하므로, 이때 측정된 ESR은 3개 저항 성분을 하나로 측정하고, 사용된 전극으로 측정한 전해액 저항으로 인식하기도 한다. 때로는 전해액 저항이라고 표현하지만, (소재 및 표면적 등의) 전극의 특성과, 전해액이 함침된 전극의 계면 특성이 포함된 전해액 저항이라고 표현하는 것이 정확하겠다. 따라서 활성탄처럼 전극마다 동일한 표면을 가지지 않는 전극으로 측정된 ESR은 그 값이 측정할 때마다 달라진다.

RC 직렬 회로(또는 커패시터만 있는 회로라고 하더라도 전선 저항 등 저항은 기본적으로 포함됨)를 통해서 직류 일정 전압(또는 일정 전류)으로 충전(또는 방전)이 된다고 하면, 커패시터의 충전이 진행됨에 따라 커패시터의 임피던스가 증가하고 충전 전류가 지수함수적으로 감소한다. 이에 대한 정의는 다음과 같은 수학적 논리에 의해서 이해할 수 있다.

회로에 일정 전압(ΔV)을 RC 직렬 회로에 인가하면 커패시터의 전압은 비록 일정 전압에 순식간에 도달하지 못하더라도 다음과 같이 시간에 따라 서서히 일정 전압(ΔV)에 접근한다.

$$(\Delta \mathrm{V}) = \mathrm{IR} + \frac{1}{C}\int I\,dt = \text{상수}$$

전류는 초기에는 높은 전류로 저항(R)을 통해서 급격하게 상승하는데, 초기에는 커패시터의 임피던스가 미미하므로 저항(R)이 단독(압도)적으로 전압에 기여하고 후기에는 커패시터의 저항에 의해 전류가 줄어듦에 따라 외부에서 제공하는 전압(ΔV)에 서서히 접근한다.

$$\Delta V \cdot C = I \cdot RC + \int I\,dt$$

$$d[\frac{\Delta V \bullet C}{dt}] = RC \cdot \frac{dI}{dt} + I = 0$$

$$-\frac{dI}{dt} = \frac{I}{RC}$$

$$-\frac{dI}{I} = \frac{dt}{RC}$$

$$-\ln I = \frac{t}{RC} + \tau(\text{적분 상수})$$

$t = 0$일 때, 전압 강하(ΔV_d)가 발생하는데 저항 R에 의해서 발생하는 것이며 이때 전류는 $I = (\Delta V_d/R)$이다. 그래서 $-\ln \frac{\Delta V_d}{R} = \tau$로 정리가 된다. 구해진 적분 상수를 대입하면

$$-\ln I = \frac{t}{RC} + \tau$$

$$-\ln I + \ln \frac{\Delta V_d}{R} = \frac{t}{RC}$$

$$\ln \frac{\Delta V_d}{R \bullet I} = \frac{t}{RC}$$

$$\ln \frac{I(t=0)}{I} = \frac{t}{RC}$$

$$\frac{I}{I(t=0)} = \exp[-\frac{t}{RC}]$$

위의 식에 따르면 RC 직렬 회로에 정전압으로 충전하면 인가해 준 전압으로 커패시터가 서서히 접근하는데 전류는 초기 전압 대비하여 지수함수적으로 감소한다. 시간 τ = RC(time constant)는 앞에서 설명한 충전과 방전 속도의 지표에 해당하기도 하는데, 커패시터의 초기 전류 대비 36%가 되는 시점이다. 반대로 전압은 목표 전압 대비하여 63%가 되는 전압에 도달한다. 충전 시간이 5τ가 되면 충전이 99% 완료된다(그림 3-54).

RC 직렬 회로의 경우 주파수를 감소시키면 실수(R)의 임피던스로부터 허수부분의

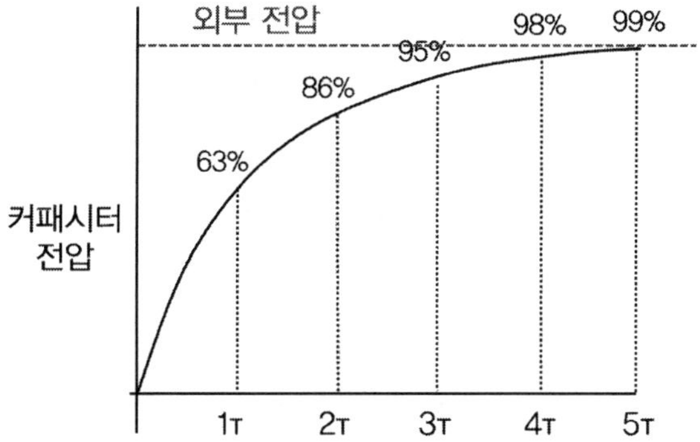

그림 3-54 전기 이중층 커패시터를 정전압 충전할 때의 전압 변화와 시간 상수.

임피던스가 수직으로 증가하는 모습을 보여 준다.

커패시터의 전극이 평면이라면 초기에 저항(R)의 임피던스를 먼저 극복하고 전극에 이온이 도달하여 흡착하면서 커패시터의 임피던스가 증가하는 순서로 RC 직렬 회로의 저항이 증가한다. 하지만 전극에 평면이 아닌 굴곡이 있거나, 전기 이중층 커패시터(EDLC)처럼 저장 용량을 극대화하기 위하여 기공이 발달한 활성탄을 전극 물질로 사용하는 경우에는 다르다. 저항(R)을 극복하는 이온의 움직임은 평면 전극과 비슷하지만, 전극에 도달한 후에 기공을 따라 흡착 지점까지 움직여야 하는 기공 속의 움직임(확산(diffusion) 또는 이동(migration)) 저항이 추가로 발생한다.

그림 3-55는 기공이 발달한 EDLC에서 주파수에 따라 임피던스가 변하는 것을 나타낸 그래프로, RC 직렬 회로에서 평면 전극의 주파수에 따른 임피던스를 점선으로 표기하였다. 기공이 많은 전극 물질에서의 임피던스는 저항 R이 비슷하다고 할 때, 주파수

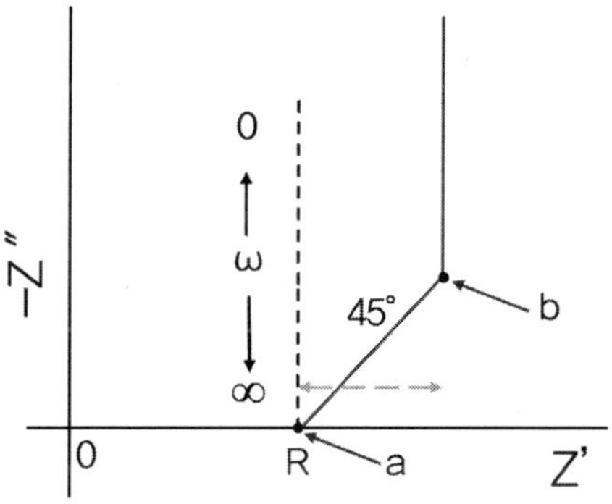

그림 3-55 기공이 발달한 EDLC의 주파수 증감에 따른 임피던스 변화.

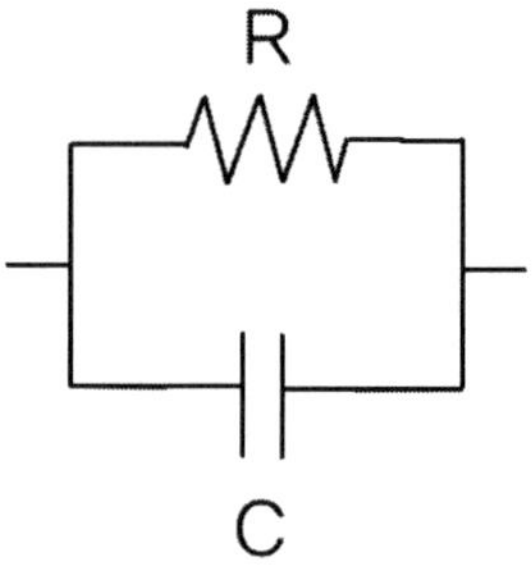

그림 3-56 저항과 커패시터의 병렬 회로.

가 감소하면서 45° 사선 방향의 임피던스 거동(a에서 b까지)이 추가된 후 다시 수직 방향으로 임피던스 증가를 보여준다. 이는 이온이 기공처럼 복잡한 미로와 같은 공간에서 최종 흡착 지점까지 이동하는 데에 필요한 추가 저항을 의미한다.

그림 3-56과 같은 저항과 커패시터의 병렬 회로에서 저항 성분(임피던스)을 구하려면 병렬 연결된 저항과 동일하게 다음과 같이 표기한다.

$$1/Z = j\omega C + 1/R = (j\omega CR+1)/R$$

$$1/Z = \frac{(j\omega RC+1)(j\omega RC-1)}{R(j\omega RC-1)} = -\frac{\omega^2R^2C^2+1}{R(j\omega RC-1)} \text{ 이므로}$$

$$Z = -\frac{j\omega R^2C-R}{(\omega^2R^2C^2+1)} = \frac{R}{(\omega^2R^2C^2+1)} - \frac{j\omega R^2C}{(\omega^2R^2C^2+1)}$$

여기에서 실수와 허수부분의 임피던스는 다음과 같다.

$$Z = \frac{R}{(\omega^2R^2C^2+1)}$$

$$Z' = \frac{\omega R^2C}{(\omega^2R^2C^2+1)}$$

실수와 허수의 임피던스로부터 다음과 같은 관계가 성립한다.

$$Z' = Z\,\omega CR$$

식을 더 정리하면 다음과 같은 원의 공식이 얻어진다.

$$(Z')^2 + (Z - R/2)^2 = (R/2)^2$$

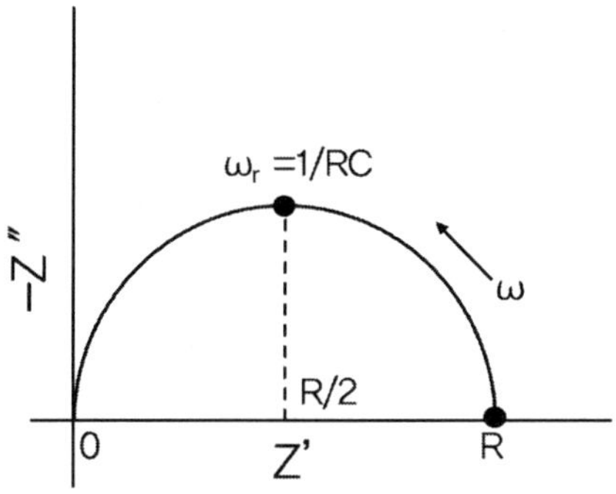

그림 3-57 저항과 커패시터의 병렬 회로에서의 나이퀴스트 도시.

주파수의 변화에 따라 실수와 허수에 해당하는 임피던스 Z′, Z″라고 표기하고 각각 *x*, *y* 축에 표기한다. 이와 같이 표기한 그래프를 나이퀴스트 도시(Nyquist plot)라고 하며, 저항과 커패시터의 병렬 회로에서는 그림 3-57과 같은 반원(semi circle)의 나이퀴스트 도시가 얻어진다.

그래서 병렬 회로에 의해서 Z″를 Z′에 대해서 그리면 Z′축에 0과 R의 교점이 생기는 반원이 형성된다. 반원에서 Z″의 최댓값은 Z″ = Z′ = R/2인 좌표에서 형성된다. Z″ = Z′ ωCR 식에서 각 R/2를 대입하면 ωCR = 1, ω_r = *1*/CR이 구해진다. 반원의 꼭짓점의 주파수 값과 나이퀴스트의 지름값을 이용하면 병렬 회로 커패시터의 커패시턴스를 구할 수 있다. 꼭짓점의 주파수는 해당 커패시터의 특징적인 값이며 주파수의 역수는 1/ω_r = CR 단위가 시간이며, 회로의 시간 상수라고 한다. 이때의 주파수를 characteristic frequency라고 한다. 시간 상수는 반원의 꼭짓점에 해당하는 주파수의 역수이며 시간(s)의 단위를 가지므로 τ(타우) = RC로 표기한다. EIS 측정 시에 다수의 semi-circle이 관찰되거나, 그림과 같이 완전한 반원이 아닌 경우가 관찰될 수 있다. 다수의 반원이 뭉쳐져서 원형이 아닌 옆으로 넓게 펴진 원형인 경우는 다수의 반원이 합쳐진 경우이며, 각 반원의 시간 상수들이 아주 큰(100배 이상) 차이가 없을 경우 다수의 반원이 합쳐서 곡선을 이룬다. 1개의 반원이지만 원이 아닌, 납작한 원으로 측정되는 경우가 있는데, 이는 이론적이며 이상적인 커패시터의 구동이 아니며, 이상성에서 벗어나는 정도를 constant phase element(CPE)라는 형태로 변형해서 계산할 수도 있다. CPE는 커패시터와 저항의 특징 조금씩 가지고 있고, CPE에 따라 두 종류의 성분비가 달라진다. 커패시터의 특징만 가지고 있다면 완벽한 반원의 모습을, 저항의 특징만 가지고 있다면 커패시터 대신 2개의 저항이 병렬로 연결된 형태가 되며, 커패시터와 저항의 특징을 혼합해서 가지고 있다면 찌그러진 반원의 형태를 보여 준다. 여기에서는 이상적인 원에 대해서만 설명한다. 반원의 꼭짓점의 주파수(angular frequency, $2\pi f$)는 1/RC와 등식이 성립하는데 R과 C가 각각 50 Ω과 0.1 μF 이라고 하면 다음과 같다.

$$2\pi f = 1/(50\,\Omega \cdot 0.1\mu F) = 2.0 \times 10^5$$

이를 통해서 반원의 꼭짓점 주파수(f)를 계산해 보면, 31.8 kHz이다.

바꾸어 말하면, 꼭짓점 주파수와 회로의 저항값을 알고 있다면, 병렬 회로의 커패시턴스를 구할 수 있다. 앞에서 설명했던 병렬 회로와 또 하나의 저항(R_s)이 직렬로 연결된 회로를 설명한다. 이는 이차 전지 전극의 전형적이고 간단한 등가회로이다. 이 회로에 확산 인자 값을 추가하면 앞의 그림 3-54에서 45° 사선 방향의 임피던스 거동이 포함된다.

그림 3-58은 전극의 전기화학 반응 저항(R_1, charge transfer resistance)과 전극의 커패시터 성분이 병렬로 연결된 상태에서 전극 외부 저항(R_s, 전해액 저항)이 직렬 연결된 모습이다. 이는 앞서 그림 3-56에서 표현한 1개의 반원이 x축으로 R_s만큼 이동한 모습이다. 반원과 x축의 교점은 R_s, $R_s + R_1$에서 발생하며, R_s는 고주파, $R_s + R_1$은 저주파에서 x축의 교점에 형성된다. 2개의 교점에서 각 저항 성분을 구할 수 있다. 아울러 반원의 꼭짓점 주파수에서 커패시터의 커패시턴스 값을 알 수 있기 때문에 그림에 있는 저항과 커패시터 성분을 모두 구할 수 있다. 실제로 EIS를 측정하면 x축의 교점이 명확하게 형성되지 않기 때문에 그래프에 근삿값을 임의로 지정하기가 어렵다. 등가회로를 구성해서 측정한 곡선과 curve fitting(피팅 프로그램을 사용)하여 얻어진 값을 사용하는 것이 좋겠다.

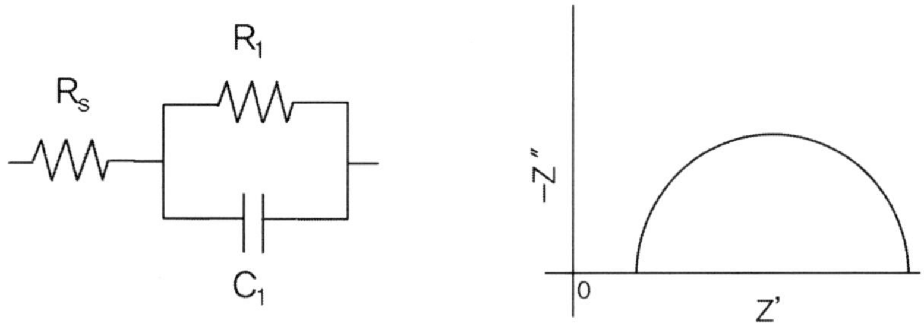

그림 3-58 저항과 커패시터의 병렬 회로에 저항이 직렬과 연결된 회로와 나이퀴스트 도시.

실제 등가회로, 제작회로, 측정값으로부터 확인하는 실험

그림 3-59와 같은 회로도와 실제 회로를 조립하여 이를 이용해서 EIS를 측정할 수 있다. 조립한 회로를 0 V에서 ± 10 mV의 진폭으로 0.5 MHz에서 0.05 Hz까지 주파수로 스캔하면 그림 3-60과 같은 나이퀴스트 도시를 얻게 된다. 회로도의 저항 및 커패시터의 값과 측정 그래프의 값을 비교하여 상호 호환 계산이 되는지를 확인한다. 다양한 회로를

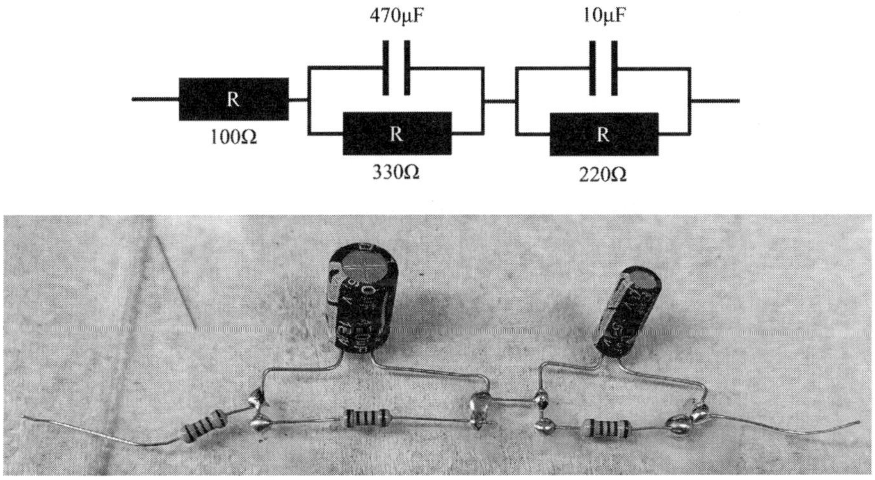

그림 3-59 저항과 커패시터의 직병렬 연결된 회로와 제작한 회로.

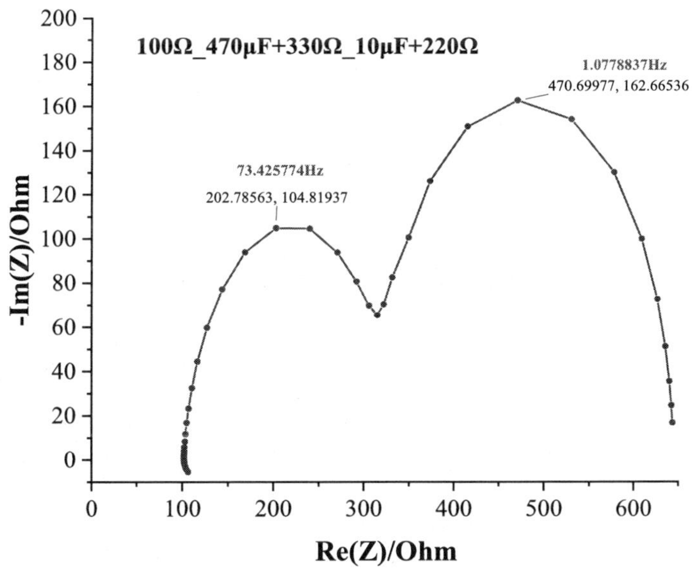

그림 3-60 제작한 회로를 이용한 나이퀴스트 도시 측정.

실제 제작한 후 측정 곡선과 비교하면 수월하게 이해를 도울 수 있다. 얻어진 EIS를 이용해서 반대로 회로를 역으로 구성하는 연습을 해보자.

2 기구 및 시약

저항 100, 200, 620 Ω, 커패시터 0.1, 3.3, 1000 μF, 납땜기, 납, EIS 장비(또는 EIS 측정 기능이 있는 potentiostat).

3 실험 과정

① 그림 3-61의 회로와 같이 저항과 커패시터를 납땜기로 연결한다.

② potentiostat으로 0 V에서 ± 10 mV의 진폭으로 0.5 MHz에서 0.05 Hz까지의 주파수로 스캔한다. 회로에 사용된 저항값은 임의로 정한 값이므로 조금 다른 종류를 사용해도 무방하다, 다만, 위의 저항과 커패시터값은 2개의 반원이 구분되어 그려질 수 있는 조합으로 하였으므로, 다른 구성물로 변형하면 반원들이 다소 겹칠 수도 있다. EIS가 측정된 그림을 이용해서 회로 구성 저항과 커패시터값과 일치하는지를 확인한다.

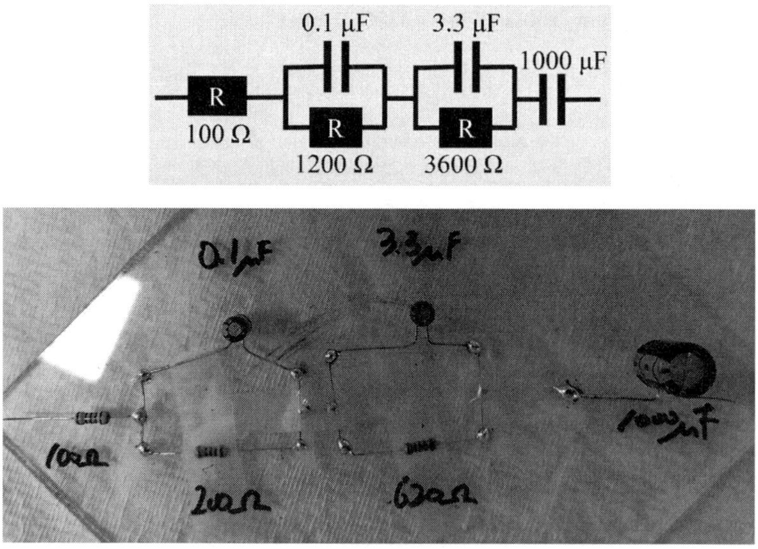

그림 3-61 실험을 위해서 구성한 회로도와 제작된 회로.

4 토의

만약에 회로를 구성할 저항과 커패시터가 없고, EIS 장비가 없다면 그림처럼 직접 그려 보아도 좋다.

Part

4

그 외 응용

실험 16 질산염 음이온(NO_3^-)의 환원과 암모니아의 관찰

고온의 수증기 조건에서 천연가스를 반응시키면 수소를 생산할 수 있다. 이 방법은 수소를 생산하는 방법 중 가장 저렴하지만, CO_2가 동시에 발생하므로 온실가스가 발생하는 것을 피할 수 없다. 발생한 CO_2를 포집해서 영구적으로 지하에 매립하거나, CO_2를 또 다른 유용한 재료로 변환한다면 온실가스의 직접적인 배출을 막을 수 있다. CO_2를 또 다른 연료(예를 들면, 에탄올, 메탈올)로 변환하거나 산업적으로 이용 가능한 탄화수소(예, 고분자의 단량체)를 만든다면 CO_2를 순환 사이클 속에 가둘 수 있다. 하지만, 이때 사용한 에너지에 신재생에너지가 아닌 화석에너지를 포함한다면 여전히 온실가스의 배출요인은 존재하므로 친환경의 의미가 퇴색된다.

오염 배출이 적은 신재생에너지는 날씨 변화에 영향을 많이 받으므로, 장점에도 불구하고 안정적인 에너지 공급원인 기저 전력으로 사용하기 어렵다. 대신에 불연속적인 자연 에너지를 저장 가능한 에너지로 바꿀 수 있다면, 신재생에너지의 효용을 높일 수 있을 것이다. 에너지 저장 방법은 다양하게 있지만, 크게 배터리를 이용한 저장과 수소 생산에 의한 저장이 주목을 받고 있다.

수소 생산은 여러 가지 방법으로 가능하지만, 생산 후의 수소의 보관(저장)과 운반이 수소 사용 이전에 해결해야 하는 중요한 문제가 되기도 한다. 그 이유는 수소가 기체인 상태에서 에너지 밀도가 아주 낮아서 액화하는 것이 에너지로서 매력이 높은데, 수소의 끓는점이 영하 252.9도이므로 액화하기 매우 어렵다. 낮은 끓는점은 수소를 액화하는 데에도 문제이지만, 운반(또는 보관)하는 데 또 다른 노력(비용)이 많이 들기 때문에 수소 사용에는 아직 해결해야 하는 문제가 많다. 이에 반해, 수소와 유사한 연료에 해당하는 암모니아는 끓는점이 영하 33.5도이며, 물에도 잘 용해되어 암모니아수 형태로 사용이 가능하다. 액화 및 용액화가 수월한 암모니아는 사용 측면에서는 편리한 점이 있다. 생산된 암모니아는 그 자체를 발전 연료로 사용할 수 있고, 고온에서 수소로 변환하는 것도 가능하여 신재생에너지로 제조된 암모니아는 수소와 유사한 그린 연료로서 매력이 있다.

암모니아를 전기화학적으로 제조하려면 다음과 같이 질소를 환원할 수 있다.

$$N_2 + 8H^+ + 6e^- \rightarrow 2NH_4^+ \quad E^o = 0.274\ V \tag{4-1}$$

하지만 이 반응은 전기화학적으로 반응성이 낮은 질소의 환원이며 기체를 용존시켜서 반응시켜야 하는 반응이므로 매우 어려운 반응이다. 기체를 용존하여 전극에서 전자가 전달되는 반응이므로, 기체, 액체, 고체의 3가지 상이 반응에 참여하기 때문이다. 반면에 질산염 이온(NO_3^-)은 용액에서 농도를 높이는 데 문제가 없는 강전해질(KNO_3)을 사용하므로 반응을 일으키고 관찰하는 측면에서는 유리하다. 질산염 이온의 반응은 산성 조건에서는 아래와 같다.

$$NO_3^- + 8e^- + 10H^+ \rightarrow NH_4^+ + 3H_2O \tag{4-2}$$

만약 반응이 중성에서 일어나면,

$$NO_3^- + 8e^- + 6H_2O \rightarrow NH_3 + 9OH^- \tag{4-3}$$

NO_3^-에서 질소의 산화수는 +5인데 암모니아는 −3이므로 8개의 전자가 필요하다. 중성에서도 반응 후 생성물은 암모니아와 OH^- 이온인데, OH^-는 작업 전극 부근에서 국부적으로 발생하여 전극 부근의 pH를 높일 수 있다. 그러나 보조 전극에서는 물이 산화하여 산소가 식 (4-5)와 같이 발생하고, 아울러 물이 환원하여 수소와 OH^- 이온을 발생한다(식 4-4).

$$2H_2O + 2e^- \rightarrow H_2 + 2OH^- \tag{4-4}$$

작업 전극에서 발생한 OH^-와 보조 전극에서 발생한 H^+은 확산에 의해 만나 물 분자로 변해 결국 전체 용액의 pH의 변화는 미미해진다. 그림 4-1은 1 M KNO_3의 용액에서 산화와 환원을 관찰하는 LSV이다. Pt 전극을 작업 전극과 보조 전극으로 사용하고, Ag/AgCl(포화 KCl) 전극을 기준 전극으로 사용하였다. −1.0 V에서부터 환원 전류를 확인할 수 있으며, 질산염 음이온의 환원이 발생한다. 다만, 이 전위에서는 식 (4-5)와 같이 수소 이온의 환원도 경쟁 반응으로 함께 발생하므로 질산염 이온의 환원만 발생했다고 단정할 수는 없다.

$$2H_2O \rightarrow O_2 + 4e^- + 4H^+ \tag{4-5}$$

LSV의 양의 방향의 주사는 물의 산화에 의한 산소 발생이다. 산화와 환원 전류가 일어

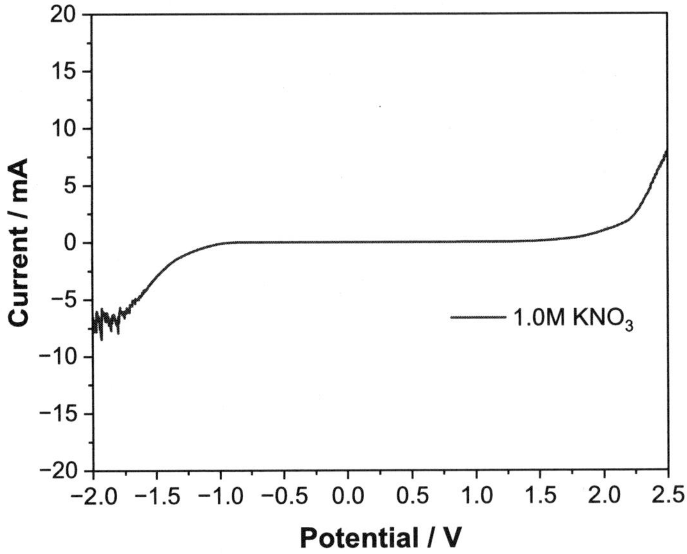

그림 4-1 1 M KNO_3 수용액으로 만들어진 전위창. 작업 전극: Pt(직경 3mm), 보조 전극: Pt wire, 기준 전극: Ag/AgCl(포화KCl). LSV의 시작은 개방 회로 전위에서 시작하여 -2.0 V까지 20 mV s^{-1}의 속도로 진행하였으며, (+) 방향의 주사는 2.5 V까지 진행하였다.

$$NH_3 + HClO \rightarrow NH_4^+ + ClO^- \rightarrow \text{(pH 10 이상) } NH_2Cl + H_2O$$

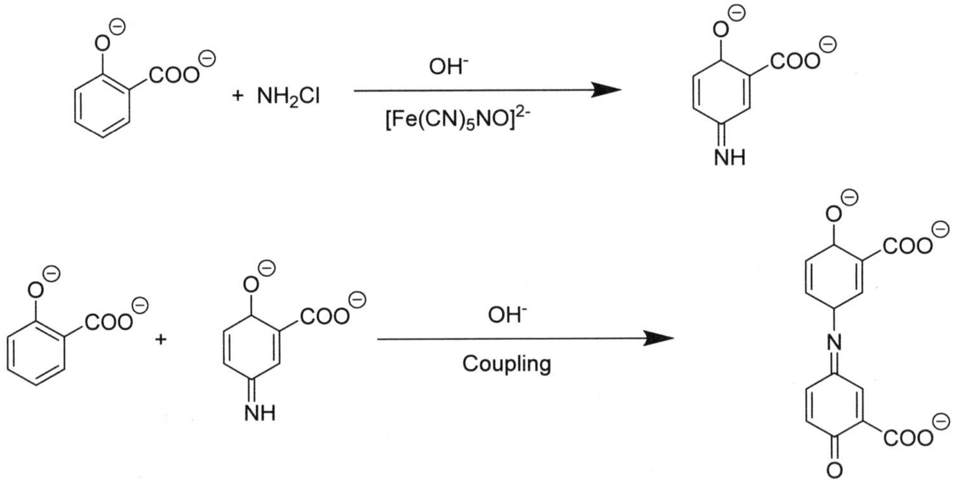

그림 4-2 Indophenol blue 법에 의한 염료 생성.

나지 않은 영역폭(전위창)은 대략 2.5 V 정도이며, 물의 수전해에 필요한 최소 전압(약 1.2V)의 2배 정도의 전압이 필요한 것을 관찰할 수 있다.

질산염 이온의 환원을 통해서 발생하는 암모니아를 정량하기 위해 UV/VIS 분광 장

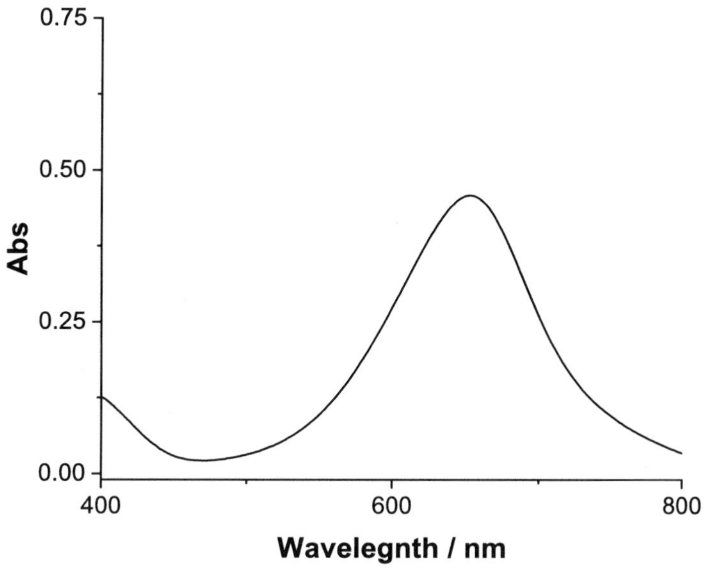

그림 4-3 Indophenol blue의 흡광 관찰.

비를 사용하여 관찰하는데 그림 4-2와 같은 반응식으로 암모니아가 색깔이 있는 물질(염료)로 변함에 따라 흡광(그림 4-3)을 관찰할 수 있다.

2 기구 및 시약

KNO_3, Ag/AgCl 기준 전극, Pt 보조 전극, Pt 작업 전극, potentiostat, UV/VIS 분광광도기, NH_3 용액, NaOH, $Na_2[Fe(CN)_5NO]$, 살리실산, 스트르산 소듐, NaClO.

3 실험 과정

LSV의 관찰

① 1 M KNO_3를 준비한다.

② 전기화학 셀에 용액 50 mL를 담고, Pt 작업 전극, Pt 보조 전극, Ag/AgCl(포화 용액) 전극을 설치한다.

③ 개방 회로 전압(OCP)으로부터 −2.0 V까지 20 mV/s 속도로 주사한다.

정전압 실험(chronoamperometry)

① 사용하지 않은 용액을 담은 전기화학 셀을 새로 준비한다.

② 전압을 −1.3 V가 10분 유지되도록 하고 실험을 종료한다.

③ 실험에서 발생한 전류를 전류 vs. 시간 그래프로 그린다.

④ 사용된 용액을 다른 용기에 담아서 보관한다.

⑤ −1.4 V 정전압과 −1.5 V를 정전압을 이용한 동일한 실험을 실시한다. 이때 사용된 용액을 각각 용기에 보관하여 실험이 종료되면 3개의 보관 용기가 준비된다.

⑥ 용액을 담은 용기를 뚜껑을 닫아서 용액의 변화가 생기지 않도록 한다. 용액 속에 암모니아가 발생했다면 뚜껑 없이 보관할 때, 용액에 있는 다소의 암모니아가 증발에 의해서 소실될 수 있다.

지시약 제조

① 0.05 M NaClO, 1wt% $Na_2[Fe(CN)_5NO]$ 용액을 각각 100 mL 부피 플라스크에 제조한다.

② 또 다른 100 mL 플라스크에 5wt 살리실산, 5wt% 시트르산 소듐, 1 M NaOH 용액을 제조한다.

③ ②의 용액을 Vial에 2 mL 옮긴다.

④ ③의 Vial에 정전압 실험 종료 후 보관해 두었던 용액(50 mL) 중 2 mL를 넣고 1 wt% $Na_2[Fe(CN)_5NO]$ 0.2 mL를 넣어 교반한다.

⑤ 0.05 M NaClO 1 mL를 넣고 2시간 동안 교반한다.

⑥ UV/VIS 분광광도기를 이용하여 ⑤의 용액을 400 ~ 800 nm 범위에서 측정한다.

암모니아 표준 용액의 교정곡선

① 10 mM NH_3 용액을 10 mL를 취해 1000 mL 플라스크에 넣어서 100 μM 용액을 제조한다.

② ①의 용액을 각각 10, 20, 30 mL를 취해서 100 mL 플라스크에 넣어 표준 10, 20, 30 μM NH_3 용액을 제조한다.

③ 지시약 제조 실험의 ③ 용액을 준비한 뒤, 만든 표준 용액 2 mL를 넣고, 1 wt% $Na_2[Fe(CN)_5NO]$ 0.2 mL를 넣어 교반한다.

④ 0.05 M NaClO 1 mL를 넣고 2시간 동안 교반한다.

⑤ UV/VIS 분광광도기를 이용하여 ④의 용액을 400 ~ 800 nm 범위에서 측정한다.

그림 4-4는 지시약과 지시약이 포함된 표준 용액의 색깔을 표현한 사진이다. 지시약을 사용해서 흡광을 측정하면 그림 4-5와 같은 흡광 곡선을 얻을 수 있는데, 최대 흡광의 파장에서 각 표준 용액의 농도별 흡광을 기록한다. 이때 투여한 표준 용액과 실험 용액의 부피는 동일하게 유지해 부피의 불일치에 의한 농도의 편차를 제거한다. 그림 4-5의 용액은 암모니아 외에 다른 용액을 혼합하여 희석하였지만, 그 희석비율을 교정곡선 제작과 실제 시료 측정에 동일하게 유지하면 측정에는 문제가 없겠다.

그림 4-4 교정 곡선을 위한 지시약(바탕 용액)과 표준 용액들.

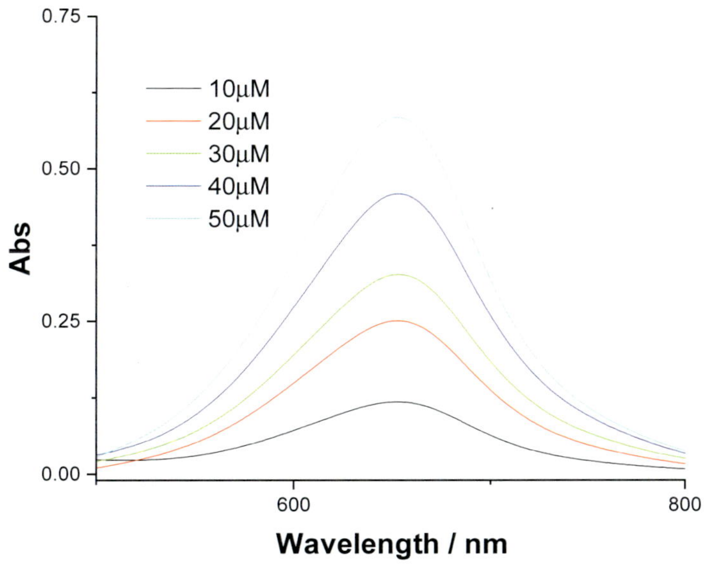

그림 4-5 표준 용액의 흡광 측정.

4 실험 결과

① 정전압 실험을 통해서 얻은 전류 vs. 시간 곡선(그림 3-46 참조)으로부터 전류를 적분하여 전하량을 얻는다.

정전압 조건	−1.3V	−1.4V	−1.5V
전하량			

② 표준 용액으로 측정된 흡광도를 구한다.

③ 교정 곡선의 흡광도를 측정한다.

NH_3 농도, μM	흡광도
10	
20	
30	
40	
50	

④ 표준 곡선으로부터 얻어진 교정 곡선의 기울기와 절편을 구한다. 바탕 용액을 측정하여 바탕교정을 실시할 경우 절편이 거의 제거될 수 있다. 바탕 용액은 암모니아 용액을 제외하는 대신 부피는 동일하게 유지하여 제조한다.

기울기(몰흡광계수):

절편:

⑤ 정전압 실험에서 얻어진 전하량을 이용해서 패러데이 법칙으로부터 이때 발생한 암모니아의 몰수(mol)를 계산하고 몰농도를 구한다.

⑥ 정전압 실험에서 사용된 용액(암모니아 포함됨)을 이용해 흡광도를 측정하고 측정된 흡광도로부터 농도를 구한다.

정전압 조건	−1.3V	−1.4V	−1.5V
농도, μM			

⑦ 용액으로부터 얻어진 농도(C1) 전류로부터 측정된 이론적 농도(C2)를 이용해서 수득률을 계산한다.

$$수득률: (C1/C2) \times 100$$

5 토의

① 수득율이 100%에 미달한 경우에 암모니아를 제외한 어떤 물질들이 발생하였을까? 발생 가능한 물질로서 NH_2OH, NO_2^-, H_2가 있다.

② 암모니아 외에 위와 같은 물질이 발생하면 쿨롱 효율이 과도하게 높거나, 과도하게 낮을 수 있다. 모든 화학반응도 마찬가지지만, 반응에는 1개의 생성물 이상의 물질이 생성될 수 있다는 것을 염두에 둬야 한다. NH_2OH와 NO_2^-에서의 질소의 산화수는 각각 어떻게 되는가?

6 참고문헌

Nature Energy volume 5, pages 605–613 (2020)

실험 17 Paper electrolysis

Electrolysis는 전기분해라는 뜻이 있으며, 통상적인 전기화학 반응은 대부분 여기에 속한다. 우리가 전극에서 환원을 관찰할 때는 전자가 필요하다. 이 전자는 상대 전극(보조 전극)으로부터 공급되므로 상대 전극에서는 산화 반응이 일어난다. 환원이 일어나기 위해서는 반드시 산화 반응이 동반되어야 하는데, 두 전극에서의 반응 간의 전압차가 크면 반응을 관찰하기 위해서 전압을 더 높여줘야 한다(2전극셀). 3전극셀에서는 기준 전극 대비하여 작업 전극의 전압을 조절하기 때문에 상대 전극의 전압은 반응에서 고려 대상은 아니지만, 2전극셀과 동일하게 두 전극 간의 반응은 서로에게 영향을 준다.

우리는 전기화학 반응을 생각할 때, 한 개의 전극에서만의 반응만 생각하다가 다른 전극의 반응은 잊어버리기 쉽다. 하지만, 배터리의 양극과 음극 반응이 짝을 이루어야만 배터리가 작동하듯이 한쪽 전극에서 반응이 일어나려면 다른 쪽 전극에서도 반대편 전자의 움직임에 호응하는 반응이 일어나야 한다. 본 실험은 각 전극에서 상이한 반응이 일어나는 것을 지시약을 통해서 간접 확인하는 반응이다.

그림 4-6은 반응셀의 모형이며, 3장의 (거름종이+ A4지)가 겹쳐서 놓이고 반응에 필요한 물질과 지시약이 적셔져 있다. 반응에 사용된 지시약은 녹말과 페놀프탈레인이다. 그리고 용액 속에서는 KI가 용해되어 있다. 거름종이에 이 물질들이 포함된 용액이 적셔지므로 각 물질은 분리되지 않고 사용된다. 12 V의 충분한 전압이 공급되는 전해셀의 2개의 전극면에서 각각 상이한 생성물이 얻어지고 이 생성물에 지시약이 변색하게 된다. 그림 4-7은 구리펜으로 [**환원**]이라고 쓴 후, 3장의 종이 샌드위치 셀을 분리하여 펜에 접촉한 거름종이와 알루미늄 포일에 접촉한 거름종이의 색깔이 상이한 것을 관찰한다.

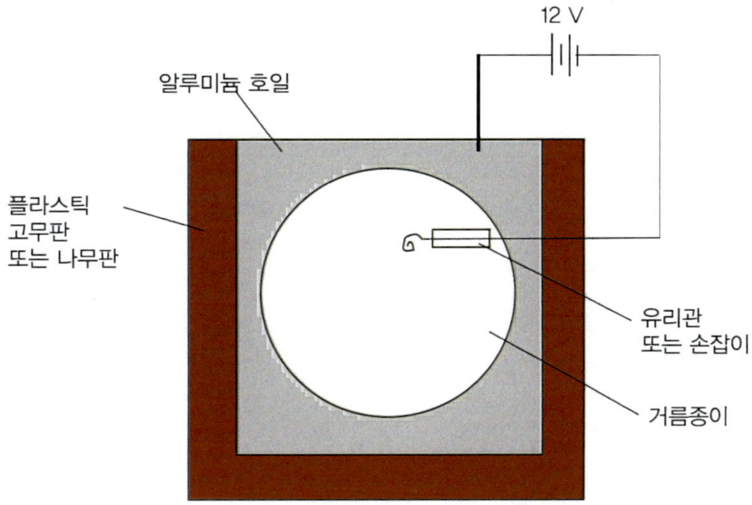

그림 4-6 paper electrolysis 반응셀의 모습[1].

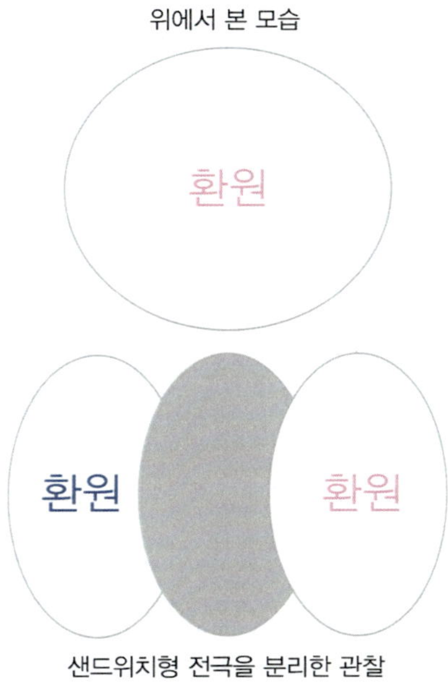

그림 4-7 펜으로 표현된 변색.

1) Harris 외 저, 강용철 외 역, 『분석화학 제10판』, 2021, 자유아카데미

2 기구 및 시약

1 wt% 녹말 용액(현탁액), KI, 페놀프탈레인 지시약, 알루미늄 포일, 거름종이, A4지, 굵은 구리선, 배터리(직렬 12 V), 전선, 악어클립, 테이프.

3 실험 과정

① 녹말 용액 5 mL, KI 1.6 g, 물 20 mL, 페놀프탈레인 지시약 5 mL를 혼합하여 용액을 준비한다.

② 그림 4-6과 같이 알루미늄 포일 위에 거름종이를 놓는다. 거름종이는 거름종이, A4지, 거름종이의 샌드위치 형태로 배열하고 원형으로 가공한다.

③ 포일 위에 거름종이가 잘 밀착되도록 테이프로 고정한다.

④ 거름종이 위에 준비해 둔 용액을 조금씩 뿌리며 충분히 적셔지게 한다.

⑤ 구리철사 끝을 적셔진 거름종이 위에 닿게 하면서 글씨를 쓰면 글씨가 써지는데 위의 거름종이와 아래의 거름종이가 다른 색으로 표현된다.

4 실험 결과 및 토의

① 전지의 (+)극에 연결된 펜 끝에서 일어나는 반응식과 변색은 어떻게 발생하는가?

② 포일과 접촉하는 곳에서 일어나는 반응식과 변색은 어떻게 일어나는가?

③ (−)극에서의 반응과 변색은 어떻게 되는가?

④ 3개의 종이는 그 두께가 아주 얇다. 얇은 두께임에도 색깔이 혼합되지 않고, 상이한 색으로 구분되는 이유는 무엇인가?

⑤ 3개의 종이 중에 가운데 A4지를 사용하지 않고 거름종이를 사용했다면 어떻게 되었을까?

실험 18 부식 및 전기도금

실험 18-1. 전압법 및 부식셀

1 이론

금속(1) 한 개와 그 이온으로 구성된 반쪽 전지가 있다. 그리고 또 다른 금속(2)과 그 이온으로 구성된 반쪽 전지가 있을 때, 2개의 금속이 서로 다르면 각 반쪽 전지의 표준 환원 전위는 상이하다. 이때 2개의 반쪽 전지로 완전지를 구성하면 환원 전위가 낮은 전지로부터 높은 전지로 전자가 이동한다. 전위차법을 통해서 농도를 확인하는 방법으로 전위차계의 (−) 단자에 기준 전극을 연결하고 (+) 단자에 농도를 알고자 하는 용액으로 구성되는 반전지를 연결한다.

금속 이온과 금속 쌍들의 표준 환원 전위를 찾아보고 이를 이용한 Nernst 식의 활용 방법을 연습한다. 반전지 2개를 연결하기 위해서 염다리를 만들고 완전지를 구성한다.

반전지 중에 1개가 기준 전극으로 사용되는 Ag/AgCl 전극이나 S.C.E가 사용된다면, 염다리를 만들 필요가 없고 기준 전극을 반쪽 전지의 용기(비커)에 담근 상태로 전위차계를 연결하면 된다. 본 실험에서는 3가지 종류의 금속/금속 이온 쌍으로 구성된 3개의 반쪽 전지로 전지를 조합하여 만든 후, 전압 및 전류를 측정하고자 한다.

각 반쪽 전지의 표준 환원 전위는 다음과 같다.

$$Zn^{2+} + 2e^- \rightleftharpoons Zn \quad E^\circ = -0.762V \tag{4-6}$$

$$Cu^{2+} + 2e^- \rightleftharpoons Cu \quad E^\circ = 0.339V \tag{4-7}$$

$$Pb^{2+} + 2e^- \rightleftharpoons Pb \quad E^\circ = -0.126V \tag{4-8}$$

2 기구 및 시약

1.0 M $Zn(NO_3)_2$, 1.0 M $Pb(NO_3)_2$, 1.0 M $Cu(NO_3)_2$, 0.001 M $Zn(NO_3)_2$ 수용액, 염다리(U자관, 한천, 포화 KNO_3), 구리 포일, 납 포일, 아연 포일, 전위차계(pH 미터), 멀티미터.

3 실험 과정

① 아연 포일과 구리 포일을 가로 0.5 cm 세로 5.0 cm 크기로 준비한다.

② 100 mL 비커 두 개를 준비하고 한쪽에는 1.0 M $Zn(NO_3)_2$ 용액 40 mL를 넣은 후 아연 포일을 담그고, 다른 쪽에는 1.0 M $Cu(NO_3)_2$ 용액 40 mL를 넣은 후 구리판을 넣는다. 금속 포일이 용액에 약 3cm 정도 잠기도록 하고, 두 비커를 염다리로 연결한다. 포일이 움직이지 않도록 테이프로 비커 벽에 고정한다.

③ 아연 포일을 pH 미터의 (−) 단자, 또는 기준 단자에 연결하고, 구리 포일은 (+) 단자에 연결한 후, 전압값을 읽는다. 이 실험은 실험1(전위차계)에서 예시로서 설명하였다.

④ 멀티미터 검은색 단자를 아연 포일, 빨간색 단자를 구리 포일에 연결하여 전류를 읽는다. 전류는 전지가 제공하는 전류이며 한쪽 전극의 금속이 부식되어 전자를 흐르게 하므로 부식 전류라고 표현이 될 수 있다. 전위차계가 아닌 멀티미터로 측정할 때 전위의 차이를 관찰하자.

⑤ 동일한 방법으로 금속과 용액을 달리하여 측정한다.

4 실험 결과 및 토의

전 반응식에서 (+)단자의 반쪽 전지 반응 − (−)단자의 반쪽 전지 반응으로 표기한다.

$$Cu^{2+} + Zn \rightleftharpoons Cu + Zn^{2+} \tag{4-9}$$

(+) 단자에 연결된 반전지 반응의 Nernst 식은

$$E_+ = E^o(Cu/Cu^{2+}) - \frac{0.05916}{n}\log(1/[Cu^{2+}]) \tag{4-10}$$

(−) 단자에 연결된 반전지 반응의 Nernst 식은

$$E_- = E^o(Zn/Zn^{2+}) - \frac{0.05916}{n}\log(1/[Zn^{2+}]) \tag{4-11}$$

이렇게 해서 구성된 전지의 전압은 다음과 같이 Nernst 식으로 표현된다.

$$E(\text{전지}) = E_{+} - E_{-}$$

$$E(\text{전지}) = E^{o}(\mathrm{Cu/Cu^{2+}}) - E^{o}(\mathrm{Zn/Zn^{2+}}) - \frac{0.05916}{2}\log([\mathrm{Zn^{2+}}]/[\mathrm{Cu^{2+}}]) \quad (4\text{-}12)$$

$$E(\text{전지}) = E^{o}(\text{전지}) - \frac{0.05916\ V}{2}\log Q \quad (4\text{-}13)$$

반응식에서 $E^{o}(Cu/Cu^{2+}) - E^{o}(Zn/Zn^{2+}) = E^{o}$(전지)로 표현하였으며, 전 반응식의 로그항에 평형 상수 형태의 $[Zn^{2+}]/[Cu^{2+}] = Q$(반응 지수)로 표현하였다. 반응 지수는 형태는 평형 상수와 동일하지만, 반응이 평형에 도달한 상태는 아닌 일반적인(포괄적인) 표현이다. 반응이 평형에 도달하였다면 Q가 K로 변환된다.

① 실험 과정의 설명에 따라 셀 1의 이론 전압과 측정 전압을 구하여 기입한다.
② 동일한 방법으로 셀 2~5의 측정을 실시한다. (−) 단자와 (+) 단자에 연결하는 반쪽 전지가 아래의 표와 같을 때 각 선시 진압의 이론값과 실제 측정치를 기입한다.
③ 이론치와 측정치의 전압의 오차(율)를 계산하고 오차는 어디에서 발생하였는지를 토의한다.

		셀1		셀2		셀3	
연결		(−)단자	(+)단자	(−)단자	(+)단자	(−)단자	(+)단자
Half cell	용액	1.0 M $Zn(NO_3)_2$	1.0 M $Cu(NO_3)_2$	1.0 M $Zn(NO_3)_2$	1.0 M $Pb(NO_3)_2$	1.0 M $Pb(NO_3)_2$	1.0 M $Cu(NO_3)_2$
	전극	Zn	Cu	Zn	Pb	Pb	Cu
이론전압							
측정전압							
오차율(%)							
전류측정							

		셀4		셀5	
연결		(−)단자	(+)단자	(−)단자	(+)단자
Half cell	용액	0.001 M $Zn(NO_3)_2$	1.0 M $Cu(NO_3)_2$	1.0 M $Zn(NO_3)_2$	0.001 M $Cu(NO_3)_2$
	전극	Zn	Cu	Zn	Cu
이론전압					
측정전압					
오차율(%)					
전류측정					

④ 2개의 반전지를 멀티미터에 연결하여 측정된 전류는 한쪽 전극이 부식되고 다른 한쪽 전극에서 환원(도금)이 되는 전류를 측정하는 것이다. 전류가 측정 전압의 크기에 비례하여 측정되는지를 확인한다. 전압 측정처럼 평형 상태를 측정하는 정적인 측정이 아니라, 전류는 용액의 농도 변화를 수반하기 때문에 전류값이 초기에 높다가 점점 떨어지는 추세를 보일 것이다. 안정된 값을 얻기 어렵다면 추세에 대한 정성적인 비교를 한다.

실험 18-2. Concentration cell(농도 셀)

1 이론

셀 전압을 측정할 때 2개의 반전지에 동일한 금속을 사용하고, 각 반전지의 용액으로는 각 반쪽 전지의 금속 이온으로 구성된 농도가 다른 용액을 포함한다. 2개의 반쪽 전지의 구성은 동일하지만 농도가 다르다면 Nernst 식에 의해서 농도에 따른 전압 변화가 관찰된다. 전극으로 구리를 사용하고 용액으로 $CuSO_4$를 사용한다면 다음과 같은 반쪽 반응식을 구성할 수 있다.

$$Cu^{2+} + 2e^{-} \rightleftharpoons Cu \qquad E^{o} = 0.339V \tag{4-14}$$

반전지의 Nernst 식은

$$E = E^{o}(Cu/Cu^{2+}) - \frac{0.05916}{2}\log\frac{1}{[Cu^{2+}]} \tag{4-15}$$

이때 Cu^{2+} 이온의 농도가 높아지면 반쪽 전지의 전압(E)는 커진다. 즉 환원하려는 경향이 커지며 반대로 농도가 낮아지면 전압이 낮아져서 산화하려는 경향이 커진다. 농도가 다른 2개의 반쪽 전지를 연결한 완전지는 농도가 높은 쪽이 캐쏘드, 낮은 쪽이 애노드가 되어 전자가 애노드에서 캐쏘드 쪽으로 흐르고 애노드의 구리가 부식되어 전자를 제공한다. 부식이 진행됨에 따라 2개의 반쪽 전지의 농도는 가까워지고 점점 반응이 평형 상태로 접근하게 된다. 두 비커의 농도가 다른 것이 동일해지려면 농도가 낮은 쪽의 도전재(구리 금속)가 해리되면서 구리 용액의 농도가 높아져야 한다.

2 기구 및 시약

구리 포일, $CuSO_4$, 증류수, Ag/AgCl 기준 전극(포화 KCl) 용액, 다공성 유리막이 바닥에 부착된 시험관(그림 4-8, H-type cell, 직경 1 cm, 높이 5 cm), 전위차계(pH 미터), 멀티미터, 스탠드, 클램프, 클램프 홀더 등 기준 전극을 고정할 기구.
* 다공성 유리막의 조밀성은 충분히 높아서 액체가 쉽게 빠져나가기 어려워야 한다.

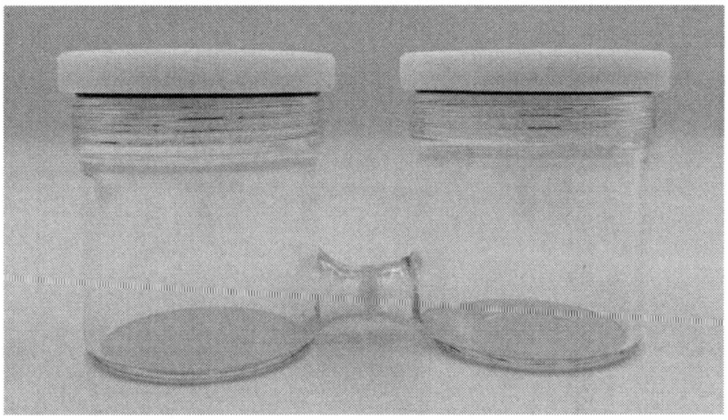

그림 4-8 다공성 유리(salt bridge)로 연결된 2개의 반쪽 셀.

3 실험 과정

① 0.001 M, 0.01 M, 0.1 M 농도의 $CuSO_4$ 용액을 각 250 mL씩 준비한다. 농도에 따라 명칭을 용액 1, 용액 2, 용액 3이라고 부여한다.
② 각 용액을 전위차계 (+) 단자에 구리판을 담가서 연결하고 Ag/AgCl 전극을 (−) 단자에 연결하여 전압을 측정하고, 농도에 따른 전위차를 확인한다.

Ag/AgCl 기준 전극을 각 용액에 담그고 전위차계를 연결하면 된다. Ag/AgCl 대비 측정된 전압은 농도 셀(concentration cell) 측정 후 각 용액의 농도 변화를 확인하기 위한 기준 전압이 될 것이다. 기준 전극은 스탠드와 클램프로 고정하고, 용액이 든 비커에 기준 전극을 담가서 측정하면 된다.

4 실험 결과 및 토의

연결		용액 1의 기준 전압		용액 2의 기준 전압		용액 3의 기준 전압	
		(-) 단자	(+) 단자	(-) 단자	(+) 단자	(-) 단자	(+) 단자
반전지	용액	포화 KCl	용액 1	포화 KCl	용액 2	포화 KCl	용액 3
	전극	Ag/AgCl	Cu	Ag/AgCl	Cu	Ag/AgCl	Cu
측정 전압							

농도 셀 측정을 위하여 1개의 비커와 1개의 시험관을 준비한다. 시험관의 바닥은 기공이 작은 유리필터가 있어서 용액이 느리게 소통하지만, 쉽게 혼합되는 것을 막는다. 셀을 구성할 때, 농도가 낮은 용액을 시험관에 넣고, 농도가 높은 용액을 비커에 담는다. 구리 포일을 각 시험관과 비커의 용액이 닫도록 구부려서 걸어둔다. 포일을 비커에 고정하기 위해서 테이프를 이용할 수 있다. 또는 그림 4-6과 같은 다공성 유리필터가 가운데 설치된 셀을 사용하면 다공성 유리가 있는 시험관을 사용하지 않아도 된다. 구리 포일을 가로 0.5 cm, 세로 7.0 cm 크기로 준비한다. 각 농도 셀의 전압과 그때의 전류를 아래와 같이 측정한다. 다만 반응 속도의 불확실성을 감안하여 멀티미터로 연결한 후 10분 후에 얻어진 전류를 기록한다.

연결		셀1		셀2	
		(-) 단자	(+) 단자	(-) 단자	(+) 단자
반전지	용액	용액 1	용액 2	용액 1	용액 3
	전극	Cu	Cu	Cu	Cu
이론 전압					
측정 전압					
오차율(%)					
전류 측정					

농도 차이에 의해서 예측되는 전압차와 실측치와의 차이(오차율)를 확인하고, 오차가 어디에서 발생하였는지를 토의한다.

전류를 측정한 후, 다시 전위차계를 이용해서 전압을 측정하여 처음 측정한 셀 전압과 차이를 관찰한다. 셀 1의 용액 1번 반전지와 용액 2의 반전지의 전압을 Ag/AgCl 대비해서 측정해 실험 초반에 기록한 용액1과 용액 2의 기준 전압 대비하여 측정값이 얼마나 변하였는지 확인하고, 측정치에 기반한 용액의 농도를 계산한다. 동일한 측정을 셀 2의 2개 용액에 대해서 측정하고 각 용액의 농도를 계산한다. 이때 측정은 각 반전지에 Ag/AgCl 기준 전극을 담그고 실시한다.

실험 18-3. 금속의 도금, Cementation

1 이론

표준 환원 전위의 차이가 나는 금속(금속1) 덩어리와 또 다른 금속(금속2)의 이온으로 구성된 용액 혼합물을 생각해 보자. 금속 이온의 환원 경향이 높으면 금속 이온이 용액 속에서 환원되면서 금속 덩어리 원자가 산화되고, 이온은 금속 덩어리 표면으로 침전되는 자리바꿈 현상이 발생한다. 외형적으로 보면 금속 덩어리를 희생시키고 용액 속에 있는 다른 금속 이온을 침전시키는 반응이다. 열역학적으로 자발적이므로 비가역적이다.

다음과 같은 반응이 가장 많이 알려진 반응이다.

$$Cu^{2+}(aq) + Fe(s) \rightarrow Cu(s) + Fe^{2+}(aq) \qquad (4\text{-}16)$$

용액에 존재하는 구리와 철의 환원 반응에서 표준 환원 전위를 찾아보면 구리가 침전되고 철이 희생이 되는 것을 이해할 수 있다.

$$Cu^{2+}(aq.) + 2e^{-} \rightarrow Cu(s) \qquad E^{\circ} = 0.339V \qquad (4\text{-}17)$$

$$Fe^{2+}(aq) + 2e^{-} \rightarrow Fe(s) \qquad E^{\circ} = -0.44V \qquad (4\text{-}18)$$

반응의 진행 과정에 변수가 있다면, 구리 이온의 농도와 철 금속의 상태이다. 그 외에 함께 참여하는 전해염, pH 등이 영향을 준다. 철 덩어리 상태와 철 분말 상태는 반응에 제공하는 표면적이 다르며, 표면적이 넓은 것(분말)이 반응 촉진에 유리하다. 또한 철 덩어리나 철 분말이 오랫동안 공기와 접촉했다면 철 산화물이 표면에 존재할 것이므로 반응 진행을 느리게 할 수 있다. 아울러 철이 희생되고 구리가 발생하는 표면 근처에는 철 이온이 발생하여 부분 농도가 높을 것이다. 높은 철 농도는 철의 희생(철 이온의 발생)을 억제할 수 있다. 반대로 구리가 침전된 상태라면, 그 반응이 발생한 철 표면 부근에서 구리 이온의 농도가 극히 떨어진 상태이므로 반응을 지속할 구리가 부족하게 된다. 농도가 묽어지는 불균형은 느린 반응을 초래하지만, 확산에 의해서 평준화가 될 수 있다. 교반이나 가열에 의해 빠르게 불균형이 해소된다면 반응 속도도 빨라질 것이다. 이런 여러 가지 변수를 고려하여 실험의 준비와 실험을 시행해야 한다.

2 기구 및 시약

1 M $CuSO_4$ 수용액, 철 분말, 아연 분말, 비커.

3 실험 과정

① 황산구리 용액 50 mL을 비커에 넣는다.
② 철 분말 1 g을 넣고 용액을 유리막대로 저어가며 용액의 푸른색이 옅어지는 것을 관찰한다.
③ 색깔의 변화가 관찰되지 않으면 철 분말을 1 g 단위로 증가시키면서 변화를 관찰한다.
④ 동일한 실험을 아연 분말을 넣어가면서 관찰한다. 아연 분말과의 반응은 속도가 조금 빠르므로 용액에 투여량을 적게 한다. 이와 같은 금속의 침전은 도금폐수 속에 존재하는 귀금속 회수 및 금속 재활용을 위해서 실시할 수 있다.

4 토의

① 철 분말과 아연 분말을 이용한 구리 침전의 속도를 색의 옅어지는 속도로 가늠할 수 있다. 아울러 일정 시간 후 회수되는 구리의 무게를 측정하여도 확인할 수 있다. 철과 아연의 원자량은 조금 다르지만, 동일한 양을 투여하여 일정 시간 후에 침전물을 여과하고, 무게를 측정하여 비교한다.

5 참고문헌

Figueroa, Linda; Wolkersdorfer, Christian (2014): Electrochemical Recovery of Metals in Mining Influenced Water: State of the Art. – In: Sui, Wanghua; Sun, Yajun & Wang, Changshen: An Interdisciplinary Response to Mine Water Challenges. – p. 627 – 631; Xuzhou, China (China University of Mining and Technology)

https://www.dupont.com/blogs/copper-electroplating-fundamentals.html

실험 18-4. 금속의 도금, Electroplating

1 이론

본 실험에서는 외부 전원을 이용하여 구리를 도금하며, 도금에 의해서 증가한 구리의 무게를 얻을 것이다. 도금과 같이 전류를 사용해서 행해진 일은 전하량을 계산할 수 있고, 계산된 전하량과 일치하는 (기대되는) 도금의 양도 얻을 수 있다. 저울로 실측된 무게와 전하량으로 계산된 무게는 이론적으로 일치하여야 하지만, 효율이 100%일 때만 달성할 수 있다. 또한, 도금이 되어 금속이 형성되었다고 해도, 캐쏘드(– 전극)에 약하게 붙어 있는 조각들은 무게를 측정하기 전에 용액 속으로 떨어져 나가기도 한다.

균일한 도금을 형성하기 위해서 일정 전류(정전류)를 이용한 도금(galvanostatic electroplating)을 실시하는데 도금이 실행되는 캐쏘드의 표면은 균일해야 한다. 그런 노력에도 불구하고 균일할 수 없는 부분도 있다. 예를 들어 정사각형 구리판에 구리를 도금한다고 할 때 정사각 면은 일정한 표면이지만, 사각형 가장자리는 표면과 다른 전극 환경에 놓인다.

정사각형의 넓은 면으로 도금될 때 구리 이온은 평면과 수직 방향으로 확산한다. 수직 방향의 확산이 단거리이기 때문이다. 하지만, 가장자리(edge)는 넓은 면의 모서리 면을 수직으로 하는 경로로 확산한다. 모서리는 여러 방향에서부터 확산(한 점에 모이는 화살표가 많음)이 되므로 반응에 제공되는 구리 이온의 밀도가 크다. 즉, 동일한 시간에 평평한 구리면보다 높은 전류가 흐르고, 이에 따라 형성되는 구리의 성장이 아주 빨라서, 매끈한 도금이 아니라 뾰족하거나 실처럼 수직으로 솟아있는 바늘 모양(수지상, dendrite) 성장이 이루어진다. 한번 바늘 모양이 형성되면 더 뾰족해진 금속으로 모이는 구리 이온 개체수가 급속도로 증가하므로 다른 평면보다 도금의 형성 속도가 지속적으로 빨라진다.

전극 모서리로 금속 이온의 확산 속도(화살표의 크기)가 커지는 것이 아니라, 확산

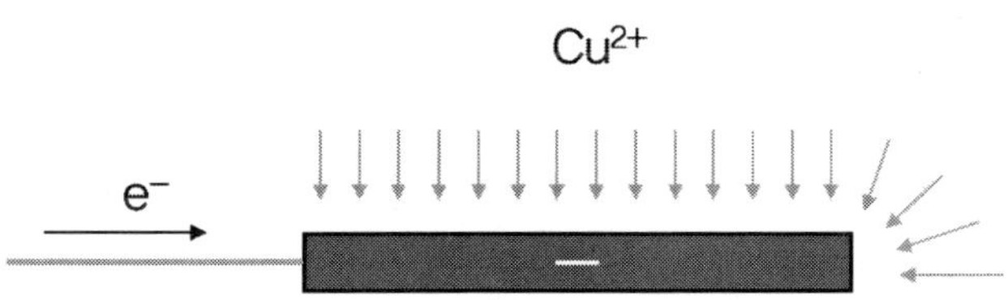

그림 4-9 금속면과 가장자리의 확산.

경로(화살표)가 많아져서 금속 이온의 공급 속도가 빨라진다. 전극으로 제공하는 전류는 일정하지만, 전극 가장자리에는 부분적인 불균형이 존재한다.

이러한 불균형은 전극의 가장자리를 날카롭지 않게 제거하면 개선될 수 있다. 때때로 전극 표면에 흠집이 있거나 돌기가 있으면 부분적인 전류의 불균형이 발생한다. 구리선과 같이 균일한 금속 표면도, 구부러져서 접힌 부분이 발생한다면 수지상이 형성되기도 한다.

수지상의 형성은 모든 금속의 도금에 적용되며, 리튬에서 관찰되는 수지상은 리튬 금속을 음극으로 사용하는 이차 전지의 단락을 일으키는 요인이 된다.

본 실험은 수지상의 형성에 대해서 이해하는 것이기도 하지만, 형성된 금속의 무게 측정, 패러데이 법칙을 이용한 무게의 계산을 비교하여 실험에서의 문제점을 파악하고 개선할 수도 있다. 본 실험에서는 2개의 Cu 전극을 사용해서 1개는 캐쏘드, 다른 1개는 애노드로 사용한다. 용액 속의 Cu^{2+} 이온이 환원되어 캐쏘드의 무게를 증가하게 한다. Cu^{2+} 이온은 용액 속에서 얻어지기도 하며 일부 애노드에서 구리가 산화되어 Cu^{2+}가 생성되기도 한다.

2 기구 및 시약

1 M $CuSO_4$ 수용액, 250 mL, 2 × 5cm 구리판 6개, Galvanostat(대부분의 potentiostat에는 정전류 기능이 포함됨), 100 mL 비커, 0.1 M 아세트산 100 mL.

3 실험 과정

① 구리판 가장자리의 날카로운 모서리를 가위로 자른다.

② 구리판들을 0.1 M 아세트산에 20분 동안 담근 후 용액을 세척하고, 오븐에 말린다.

③ 실험 전에 각 전극의 무게를 측정한다.

④ 비커에 구리판을 3 cm 깊이로 담기도록 황산구리 용액을 부어 넣고 구리판을 고정한다. 이때 구리판이 비커에 닿지 않도록 비커 상부에 매달고 고정한다. 예를 들면, 비커 상부에 줄을 설치하고 빨래집게처럼 악어클립을 이용해서 구리판을 고정한다. 악어클립은 galvanostat의 2개의 단자를 연결하게 된다. 구리판 대신에 굵은 구리선을 이용할 수도 있다.

⑤ 설치된 셀에 0.2 A, 10분 동안 전류를 흘려준다. 장비나 전극의 상태에 따라 전류를 조절하여 사용할 수 있다.

⑥ 도금이 완료되면 전극을 증류수에 세척한 후, 오븐에 말려서 양극과 음극의 무게를 측정한다. 동일한 실험을 3번 반복한다. 캐쏘드(환원 전극, −극)에 도금이 형성되는 것을 관찰하고 애노드에서는 어떤 반응이 진행되는지도 관찰한다.

4 실험 결과 및 토의

① 도금을 통해서 전하량, 계산된 구리의 무게, 도금된 구리의 무게를 구한다. 구리의 무게 측정은 도금 전과 도금 후의 무게 차이이다.

② 계산된 값을 활용하여 쿨롱 효율을 계산하고, 3번 실시된 실험의 평균값을 구한다.

$$\text{쿨롱 효율} = (\text{도금된 구리의 무게})/(\text{계산된 구리의 무게}) \times 100$$

③ 실험 중에 수지상이 생성되는지 관찰한다. 구리판으로 할 때와 구리선으로 할 때의 효율과 수지상의 형성 정도를 비교한다.

실험 18-5. 무전해 도금, Underpotential deposition(UPD)

1 이론

전류를 사용하지 않고 도금하는 것은 여러 경우가 있다. 전자산업에 사용되는 인쇄 회로 기판(printed circuit boards)은 플라스틱 재질인데, 플라스틱 표면에 금속(구리)선을 입히려고 할 때 electroless plating 기술이 사용된다. 중세의 연금술사들(alchemist)이 화학적으로 금을 만들기 위해서 여러 가지 노력을 한 끝에, 금과 가장 유사하게 보이는 물질로서 청동을 만들었는데, 청동은 구리와 주석의 합금이다. 청동을 제조하는 방법 중 하나로도 electroless plating 기술을 활용할 수 있다.

$$Cu^{2+} + 2e^- \rightleftharpoons Cu \qquad E^\circ = 0.339\ V$$

$$Sn^{2+} + 2e^- \rightleftharpoons Sn \qquad E^\circ = -0.141\ V$$

전류를 사용하지 않고 구리판 위에 주석을 도금하려고 할 때, 두 가지 금속 이온의 표준 환원 전위에 의하면 자발적인 환원(도금)이 발생하지 않는다. 구리 표면 위에 Sn이 도금되는 것은, 표준 환원 전위가 낮은 금속 이온이 환원(도금)되는 것이다. 이런 형상이 관찰되는 것을 Underpotential deposition(UPD)이라고 한다. 이 반응은 구리–주석 간의 단일층(monolayer) 형성에만 작용하므로 더 두꺼운 주석 도금은 진행되지 않는다. Sn층 위에는 자발적인 electroless plating이 진행되지 않는다.

비커를 준비하여 바닥에 구리판을 넣고 증류수를 부은 후 Sn 분말을 구리판 위에 살짝 덮이게 한다. 이와 같이 구리판 위에 주석 분말이 덮여 있을 때, 주석이 산화하여 전자가 구리에 잠시 머물게 된다.

$$Sn \rightarrow Sn^{2+} + 2e^{-}$$ (발생되는 전자가 도금에 사용)

$$Sn^{2+} + 2e^{-} \rightarrow Sn$$ (구리로부터 전자를 전달받아서 단일층 형성)

위와 같이 주석이 잠시 이온화되면서 구리층에 축적된 전자가 주석 단일층 형성에 도로 쓰이는 과정은 진행된다. 이 과정을 촉진하기 위해서, 용액 중에 Sn^{2+}를 추가로 제공하도록 용액에 $SnCl_2$를 투입한다.

그림 4-10은 구리 위에 주석 분말 및 주석 이온에 의해서 단일층 주석 도금이 되는 모습을 보여준다. 구리와 주석이 층 분리된 2개의 고체상으로 되어 있지만, 가열하면 합금이 되어 청동이 된다. 금속의 색 변화는 붉은색(구리), 주석색(밝은 금속색), 청동(노란색)으로 변화하는 것을 관찰할 수 있다.

구리 표면의 주석 도금은 단일층 수준의 얇은(양이 적은) 층이므로 합금을 위해서 열을 가할 때, 합금의 색이 균일하지 않을 수 있다. 그림 4-10의 합금은 황금색과 유사한 노란색을 보여주지만, 일부에만 노란색이고 다른 부분은 구리색, 주석색이 혼합된 색이 산재되어 있다.

구리　　　구리 위 주석 도금　　　구리 + 주석 합금

그림 4-10 청동의 UPD.

2 기구 및 시약

구리판(2 × 2 cm, 두께 0.5 mm 또는 그 이상), 주석 분말, $SnCl_2 \cdot 2H_2O$, sodium dodecyl sulfate(SDS), $NaHSO_4$.

3 실험 과정

① 도금 용액 속에 0.1 M $NaHSO_4$ 20 mL, $SnCl_2 \cdot 2H_2O$ 0.90 g, 주석 분말 5 g, SDS 100 mg을 100 mL 비커에 넣고 유리막대로 저어주며 분말들을 용액이 되도록 한다. $NaHSO_4$는 Sn^{2+}가 Sn^{4+}로 되는 것을 방지한다.

② 준비된 구리판 2개의 표면의 유분을 아세톤으로 제거한다. 유분이 제거된 구리판은 장갑 또는 핀셋을 사용하여 지문이 묻지 않도록 한다.

③ 표면이 세척된 구리판들을 도금 용액 속에 겹치지 않도록 넣는다. 구리판 위에 주석 분말이 고루 덮이도록 한다.

④ 비커를 분젠 버너로 5분간 가열하면서 변색을 관찰한다. 이 과정에서 충분한 열이 전달되어야 주석 도금이 형성된다. 구리판은 밝은 붉은색이며 주석이 도금된 상태에서는 은색이다.

⑤ 용액 속의 도금을 핀셋으로 꺼내어 용액을 제거하고 분젠 버너에 도금을 넣여 열처리할 준비를 한다.

⑥ 분젠 버너의 화력을 키운 후, 주석 도금된 구리판은 화염에 10초 이내 짧은 시간 노출시킨다. 색깔이 주석색에서 노란색을 띠기 시작하면 화염으로부터 신속히 빼낸다. 단일층 도금된 주석이 화염에 의해서 구리층으로 이동하면서 합급이 형성된다. 화염에 긴 시간 노출되면 구리 속으로 모두 확산되어 주석의 영향(노란색의 청동)은 관찰할 수 없고 구리색만 관찰하게 된다. 너무 오래 가열하면 그을리거나 산화 구리화 되어 합금을 관찰할 수 없다.

⑦ 화염에서 꺼낸 노란색의 청동 도금은 차가운 물에 담가서(quenching) 주석의 확산을 중단시킨다. 청동이 형성된 후 신속하게 식히지 않으면 뜨거운 온도가 Cu층을 노출시키고 연속적으로 산화 구리(CuO)가 형성되어 표면이 검게 변한다. 주석 대신에 구리를 아연으로 도금한 것을 황동(놋쇠)이라고 한다. 아연은 주석보다 확산을 더 쉽게 하므로 분젠 버너의 온도가 낮아도 황동으로 잘 변하는데, 청동의 온도가 충분

히 높지 않으면 합금이 되지 않는 경우도 있다.

4 토의

① 아연 금속과 아연 이온을 사용하여 황동을 UPD로 만들어 보자.

5 참고문헌

T. Suzuki, M. Inoue, *J. Chem. Educ.*, 2010, **98**, pp. 946.

저자 소개

김기택
부산대학교 화학과 학사 및 석사
University at Buffalo 화학과 박사
Georgia Institute of Technology 화학공학과 Postdoctoral Fellow
한국전기연구원 전지연구센터 선임연구원
현) 상명대학교 화학에너지공학과 교수

전기화학실험

저 자 김기택
발 행 인 김지영
발 행 처 자유아카데미
주 소 경기도 파주시 회동길 37-42
파주출판도시
전 화 031-955-1321
팩 스 031-955-1322
홈페이지 www.freeaca.com
전자우편 main@freeaca.com (대표)
editor@freeaca.com (편집)
crm@freeaca.com (영업)
등 록 제406-2003-017호, 1980. 7. 12
제1판1쇄 2025년 2월 10일 발행

저자와의 협의하에 인지생략

무단 복제를 금하며, 잘못된 책은 바꾸어 드립니다.
ISBN 979-11-5808-674-9 93430